气候变化：我与女儿的对话

［法］让-马克·扬科维奇／著
郑园园／译

图书在版编目（C I P）数据

气候变化：我与女儿的对话 / (法) 让-马克 · 扬科维奇著；郑园园译. -- 北京：中国文联出版社, 2020.12

（绿色发展通识丛书）

ISBN 978-7-5190-4452-7

Ⅰ. ①气… Ⅱ. ①让… ②郑… Ⅲ. ①气候变化－普及读物 Ⅳ. ①P467-49

中国版本图书馆CIP数据核字(2021)第005641号

著作权合同登记号：图字01-2018-0886

气候变化 ：我与女儿的对话
QIHOU BIANHUA :WO YU NVER DE DUIHUA

作　　者：[法] 让-马克·扬科维奇
译　　者：郑园园

终 审 人：朱　庆
责任编辑：冯　巍　　复 审 人：闫　翔
责任译校：黄黎娜　　责任校对：李　英
封面设计：谭　锴　　责任印制：陈　晨

出版发行：中国文联出版社
地　　址：北京市朝阳区农展馆南里10 号，100125
电　　话：010-85923076（咨询）85923092（编务）85923020（邮购）
传　　真：010-85923000（总编室），010-85923020（发行部）
网　　址：http://www.clapnet.cn　　http://www.claplus.cn
E-mail：clap@clapnet.cn　　fengwei@clapnet.cn

印　　刷：中煤（北京）印务有限公司
装　　订：中煤（北京）印务有限公司
本书如有破损、缺页、装订错误，请与本社联系调换

开　　本：720 × 1010　　1/16
字　　数：58千字　　印　　张：7.5
版　　次：2020年12月第1版　　印　　次：2020年12月第1次印刷
书　　号：ISBN 978-7-5190-4452-7
定　　价：30.00元

“绿色发展通识丛书”总序一

洛朗·法比尤斯

1862年，维克多·雨果写道：“如果自然是天意，那么社会则是人为。”这不仅仅是一句简单的箴言，更是一声有力的号召，警醒所有政治家和公民，面对地球家园和子孙后代，他们能享有的权利，以及必须履行的义务。自然提供物质财富，社会则提供社会、道德和经济财富。前者应由后者来捍卫。

我有幸担任巴黎气候大会（COP21）的主席。大会于2015年12月落幕，并达成了一项协定，而中国的批准使这项协议变得更加有力。我们应为此祝贺，并心怀希望，因为地球的未来很大程度上受到中国的影响。对环境的关心跨越了各个学科，关乎生活的各个领域，并超越了差异。这是一种价值观，更是一种意识，需要将之唤醒、进行培养并加以维系。

四十年来（或者说第一次石油危机以来），法国出现、形成并发展了自己的环境思想。今天，公民的生态意识越来越强。众多环境组织和优秀作品推动了改变的进程，并促使创新的公共政策得到落实。法国愿成为环保之路的先行者。

2016年“中法环境月”之际，法国驻华大使馆采取了一系列措施，推动环境类书籍的出版。使馆为年轻译者组织环境主题翻译培训之后，又制作了一本书目手册，收录了法国思想界最具代表性的33本书籍，以供译成中文。

中国立即做出了响应。得益于中国文联出版社的积极参与，“绿色发展通识丛书”将在中国出版。丛书汇集了33本非虚构类作品，代表了法国对生态和环境的分析和思考。

让我们翻译、阅读并倾听这些记者、科学家、学者、政治家、哲学家和相关专家：因为他们有话要说。正因如此，我要感谢中国文联出版社，使他们的声音得以在中国传播。

中法两国受到同样信念的鼓舞，将为我们的未来尽一切努力。我衷心呼吁，继续深化这一合作，保卫我们共同的家园。

如果你心怀他人，那么这一信念将不可撼动。地球是一份馈赠和宝藏，她从不理应属于我们，她需要我们去珍惜、去与远友近邻分享、去向子孙后代传承。

2017年7月5日

（作者为法国著名政治家，现任法国宪法委员会主席、原巴黎气候变化大会主席，曾任法国政府总理、法国国民议会议长、法国社会党第一书记、法国经济财政和工业部部长、法国外交部部长）

“绿色发展通识丛书”总序二

万钢

习近平总书记在中共十九大上明确提出，建设生态文明是中华民族永续发展的千年大计。必须树立和践行绿水青山就是金山银山的理念坚持节约资源和保护环境的基本国策，像对待生命一样对待生态环境。我们要建设的现代化是人与自然和谐共生的现代化，既要创造更多物质财富和精神财富以满足人民日益增长的美好生活需要，也要提供更多优质生态产品以满足人民日益增长的优美生态环境需要。近年来，我国生态文明建设成效显著，绿色发展理念在神州大地不断深入人心，建设美丽中国已经成为13亿中国人的热切期盼和共同行动。

创新是引领发展的第一动力，科技创新为生态文明和美丽中国建设提供了重要支撑。多年来，经过科技界和广大科技工作者的不懈努力，我国资源环境领域的科技创新取得了长足进步，以科技手段为解决国家发展面临的瓶颈制约和人民群众关切的实际问题作出了重要贡献。太阳能光伏、风电、新能源汽车等产业的技术和规模位居世界前列，大气、水、土壤污染的治理能力和水平也有了明显提高。生态环保领域科学普及的深度和广度不断拓展，有力推动了全社会加快形成绿色、可持续的生产方式和消费模式。

推动绿色发展是构建人类命运共同体的重要内容。近年来，中国积极引导应对气候变化国际合作，得到了国际社会的广泛认同，成为全球生态文明建设的重要参与者、贡献者和引领者。这套“绿色发展通识丛书”的出版，得益于中法两国相关部门的大力支持和推动。第一辑出版的33种图书，包括法国科学家、政治家、哲学家关于生态环境的思考。后续还将陆续出版由中国的专家学者编写的生态环保、可持续发展等方面图书。特别要出版一批面向中国青少年的绘本类生态环保图书，把绿色发展的理念深深植根于广大青少年的教育之中，让“人与自然和谐共生”成为中华民族思想文化传承的重要内容。

科学技术的发展深刻地改变了人类对自然的认识，即使在科技创新迅猛发展的今天，我们仍然要思考和回答历史上先贤们曾经提出的人与自然关系问题。正在孕育兴起的新一轮科技革命和产业变革将为认识人类自身和探求自然奥秘提供新的手段和工具，如何更好地让人与自然和谐共生，我们将依靠科学技术的力量去寻找更多新的答案。

2017年10月25日

（作者为十二届全国政协副主席，致公党中央主席，科学技术部部长，中国科学技术协会主席）

“绿色发展通识丛书”总序三

铁凝

这套由中国文联出版社策划的“绿色发展通识丛书”，从法国数十家出版机构引进版权并翻译成中文出版，内容包括记者、科学家、学者、政治家、哲学家和各领域的专家关于生态环境的独到思考。丛书内涵丰富亦有规模，是文联出版人践行社会责任，倡导绿色发展，推介国际环境治理先进经验，提升国人环保意识的一次有益实践。首批出版的33种图书得到了法国驻华大使馆、中国文学艺术基金会和社会各界的支持。诸位译者在共同理念的感召下辛勤工作，使中译本得以顺利面世。

中华民族“天人合一”的传统理念、人与自然和谐相处的当代追求，是我们尊重自然、顺应自然、保护自然的思想基础。在今天，“绿色发展”已经成为中国国家战略的“五大发展理念”之一。中国国家主席习近平关于“绿水青山就是金山银山”等一系列论述，关于人与自然构成“生命共同体”的思想，深刻阐释了建设生态文明是关系人民福祉、关系民族未来、造福子孙后代的大计。“绿色发展通识丛书”既表达了作者们对生态环境的分析和思考，也呼应了“绿水青山就是金山银山”的绿色发展理念。我相信，这一系列图书的出版对呼唤全民生态文明意识，推动绿色发展方式和生活方式具有十分积极的意义。

20世纪美国自然文学作家亨利·贝斯顿曾说：“支撑人类生活的那些诸如尊严、美丽及诗意的古老价值就是出自大自然的灵感。它们产生于自然世界的神秘与美丽。”长期以来，为了让天更蓝、山更绿、水更清、环境更优美，为了自然和人类这互为依存的生命共同体更加健康、更加富有尊严，中国一大批文艺家发挥社会公众人物的影响力、感召力，积极投身生态文明公益事业，以自身行动引领公众善待大自然和珍爱环境的生活方式。藉此“绿色发展通识丛书”出版之际，期待我们的作家、艺术家进一步积极投身多种形式的生态文明公益活动，自觉推动全社会形成绿色发展方式和生活方式，推动“绿色发展”理念成为“地球村”的共同实践，为保护我们共同的家园做出贡献。

中华文化源远流长，世界文明同理连枝，文明因交流而多彩，文明因互鉴而丰富。在“绿色发展通识丛书”出版之际，更希望文联出版人进一步参与中法文化交流和国际文化交流与传播，扩展出版人的视野，围绕破解包括气候变化在内的人类共同难题，把中华文化中具有当代价值和世界意义的思想资源发掘出来，传播出去，为构建人类文明共同体、推进人类文明的发展进步做出应有的贡献。

珍重地球家园，机智而有效地扼制环境危机的脚步，是人类社会的共同事业。如果地球家园真正的美来自一种持续感，一种深层的生态感，一个自然有序的世界，一种整体共生的优雅，就让我们以此共勉。

2017年8月24日

（作者为中国文学艺术界联合会主席、中国作家协会主席）

目录

Co2

第1章 气候改变了

女儿：所有人都说气候正在改变，这是真的还是假的？

爸爸：这是真的。在详细回答你之前，我需要先解释另一个问题：你知道天气和气候的区别吗？天气和气候都涉及温度、降雨量，你知道有什么不同吗？

女儿：呃，我不是很确定……

爸爸：你不是唯一不知道的，好多人不知道这两者的区别。他们经常根据某一天的数据说气候改变了，或者没有改变。明白气候与天气的区别是最基本的。你每天在广播里听到的天气预报，报的是今天或明天的天气，每天的天气都不一样；而气候，是一个范围较大的地区（一个国家、一个大陆板块，甚至整个地球）在较长一段时间（几个月、几年、几个世纪，甚至几千年）内，温度、降雨量等指标的平均值。有趣的是，比起一天的数值，这些平均值能更清晰地说明某一特定地点某天的情况。举个例子来说，通过对韦桑岛（Ouessant）或阿登森林（Ardennes）气候的了解，我们会更理解该地区 9 月 6 日的天气。

你所在的初中班级有平均分，这是一样的道理：平均分能更好地代表全班每个同学的成绩，因为它总是比一个学生个体的分数浮动的幅度小很多。如果你的分数上下差了五分，这对班级的“平均分”不会有太大影响。但反过来，若你们班的平均分上下差了五分，那就说明你们的成绩有很大的变化。

女儿：所以就温度来说，就像对我们同学来说一样，平均分的浮动更能说明问题？

爸爸：对，正是如此。仅根据一两天的天气浮动，我们无法下结论，只有看几十年的才行——我们就说三十年好了，有时会需要更久，一万年或两万年的温度、降雨量、风速或降雪量平均值的变化，才能说明气候发生了变化。

这样，平均温度升高了，就说明很多个白天或晚上的温度升高了。早在你出生之前很多年——大概 20 世纪 70 年代左右，我们就发现地球的“平均”温度比地球上还没有人时上升得快得多。

女儿：平均值变化几度算是很大的变化呢？

爸爸：因为大家很容易把自家门口每天的天气变化和气候搞混，所以等下你听到我说的答案应该会吃惊。巴黎的夏天和冬天，温差一般在 25℃ ~ 30℃之间，这是天气的温度变化很大。但对整个地球来说，所谓“大的变化”，不是指六个月内 30℃的温差，而是一万年变化了 5℃。所以，我们这个星球所经历的气候变暖，其实是从冰河期算到“今天”，温度升高了 5℃！但就是这 5℃，让两万年前还像现在的北西伯利亚一样的法国，变成如今这个样子。这 5℃，足以让海平面上升 120 米，足以让欧洲的降雨量上升好几十个百分比，足以让森林退化、动物迁徙，足以让不可耕地变成耕地，或相反地让耕地不再适宜种植……简言之，5℃，对于我们的星球来说，已经带来巨大的差异。在一个世纪内温度上升5℃，是地球上自从人类出现以来——或许是有生命出现以后——从未发生过的事，真是闻所未闻。我很担心如果我们真的在一个世纪内让温度再上升5度，那么不用到21世纪末，所有人就已经拿起武器彼此攻打了。我们稍后再来仔细讨论这个问题。

女儿：如果情况已经严重到这种地步了，为什么科学家们还没有一致的定论？

爸爸：所有在这方面专业能力很强的科学家都毫无例外地指出，人类这个物种正在改变气候；而唯一需要研讨的问题只是气候正在以什么速度进行改变，这样的改变会带来怎样的结果。确实有些人的言论与这些科学家不同，但他们都只是为了引人注意而大唱高调，如果仔细查看，你会发现他们的学术研究根本没有实质内容。只是报道这些人的记者们不知道，或者尽管知道却出于别的目的而不顾真相，传播这些人的观点，甚至就是完全不懂，而这是最经常发生的情况。

女儿：我们能知道专业能力强的人是谁、做些什么吗？爸爸你也属于专业能力强的人，是吗？

爸爸：我并不是直接在实验室工作的，我满足于尽我所能解释很多专家为了搞明白将要发生的事而竭尽全力共同研究的成果。这些专家，媒体统称为“气候学家”——其实这个称呼并不恰当，因为除了他们之外，还有天体物理学家（专门研究太阳发送到地球的能量）、海洋学家（海洋在气候的运转系统中占据重要的角色）、火山学家（研究火山）、地球物理学家（研究大陆板块漂移）、化学家、生物学家、水文学家（研究水文情况、水域和河道）、冰川学家（专门研究冰川和南北极）……不计其数！研究气候相关问题的科学家足以塞满好几个体育场！他们每个人都只是研究气候这个大问题里的一小部分，而没有提供关于气候整体的观点，所以得有一个地方或组织，让他们可以交流彼此的研究成果，总结整体情况，最后才能形成对气候这个问题的总体观点。现有的组织叫作 GIEC（联合国政府间气候变化专门委员会），这个机构的主要功能不是做研究，而是总结科学家在专业报纸杂志上发表的研究成果。最新一期的“总结”于2013年发表，总共有两千页！这份总结包含很多内容，其中有一点就是：从 1850 年开始，人类排放到大气中的二氧化碳升高了 40%，这显著地增强了温室效应。

女儿：温室效应是什么？

爸爸：从字面上看，就是温室带来的结果！你知道的，人们造温室，是为了提高温度，让室内的植物长得更快，或提早收成。这里用温室的比喻还算贴切，除了一点：在我们头顶上的“玻璃”不是固态的，而是气体。太阳辐射（光线）可以不费劲地透过云层照到地面上，之后，一部分光线被反射回去，尤其会被那些从太空看起来颜色较浅的物质反射回去，例如雪、冰、沙漠、夏日的麦田……其余的光线则被土地吸收，土地就因此吸收了热量；然后，为了散热，土地再放射出红外线——我们肉眼看不见，只能用特别的机器侦测到。由土地放射出来的红外线抵达大气层，因为红外线不像可见光那样容易透过大气层，绝大部分的红外线就会被大气层吸收而无法逸散到太空。大气层吸收红外线的这个过程，我们叫作“温室效应”，也就是把大气层比作了温室的外层玻璃。大气层和玻璃这两样东西，红外线都几乎无法穿透。这个效应把能量，也就是热量收纳在地表附近，温室效应越厉害，土地的“平均”温度就越高。如果我们可以把大气层中的温室效应气体瞬间抽走，地球的平均温度会马上降低30℃，而达到-18℃。不只地球上有温室效应，别的星球上也有，例如被称为“牧羊人之星”的金星上的温室效应就比地球上强大多了，因为它的大气层的组成中几乎只有二氧化碳，它的地表平均温度高于400℃，而相比之下地球平均温度低很多，只有大约15℃。

女儿：太可怕了！地球也会变成那样吗？

爸爸：不会啦，地球表面的温度不可能高到这种地步。就算把地层中所有的钙质岩全部开采出来，把它们强力加热后释放出的二氧化碳也仅够大气中二氧化碳的含量提高几十个百分点。何况这很难做到，就算可以做到，早在大气中的二氧化碳达到这个浓度之前，我们就已经死了：因为缺氧而死！然而，像现在这样一个世纪之内提高几个百分点已经相当可观了，这对整个环境来说是很突然的改变。对你这一代人以及你的孩子、孙子们接下来的几代人来说，要毫不痛苦地解决因此引起的各种问题，已经是非常大的挑战了。

女儿：爸爸，是人类制造了温室效应吗？

爸爸：不是，当然不是。温室效应存在于地球上已经有四十亿年了。我们甚至可以说，温室效应决定了后来出现的人类的生死存亡。没有温室效应，就不会有人类。因为若没有温室效应，地表的平均温度就会是-18℃，在这种情况下生命是不可能以我们现在所知的方式出现的。其实，我们本应让温室效应的状态停留在它被发现的那段时期（18 世纪）。因为差不多两个世纪以来我们所做的一切，就是通过排放温室效应气体到大气中去不断地强化它，而结果不会是我们喜欢看到的。

女儿：往大气层中增加气体，可能吗？这不会让大气层膨胀或者让气体逸散出来吗？

爸爸：哦，相较于大气层的体积，这些不过是非常小量的气体，可以忽略不计！温室效应非常复杂，很难全部弄明白，而引起温室效应的气体只占大气层很少的一部分。就这点来说，温室的比喻就欠妥当了，因为温室中的玻璃能吸收红外线，而组成大气层的主要气体（大约 80% 的氮和大约 20% 的氧）根本对温室效应不起任何作用。所以，温室效应，是对大气层中非常活跃的少部分气体所起的作用的形容。这些气体包括水蒸气（大概平均占大气层 0.3%）、二氧化碳（占大气层 0.04%），此外还有比例更小的气体（0.00018% 的甲烷、0.00003% 的氧化亚氮和其他更加微量的气体）。这些少量气体非常有效，有点像某些色素，只要放几滴到清水里，水立刻就变得浑浊不透光了。我们两个世纪以来所做的事，就是在大气层中加入这么几滴吸收红外线的“不透光剂”，这对大气层的整体体积毫无影响，却大大影响了它的透光性，尤其降低了对红外线的透光性。这样一来，从地面而来的热量比从前更难散播到太空中去了。

人们的活动加强了温室效应，导致地表温度越来越高（而在 15000 ~ 20000 米“远离地表”的高空中，大气温度则越来越低）。科学家们在一个半世纪前就知道这点了！我们现在知道得更详细。19 世纪末，一位获得诺贝尔奖的瑞典学者计算出，如果大气层中二氧化碳的含量升高到 1750 年的两倍，地球的平均温度会在一个世纪之内上升 3 ~ 4 度。而这三四度实在太多了，会引起很多很多后果。

女儿：如果温室效应被加强了这么多，我们应该已经被烤焦了，不是吗？

爸爸：如果我们看看近些年来的“气候事故”，你所担心的其实已经部分被证实了。2016 年，美国加利福尼亚州经历了百年未遇的大干旱，还伴随着极具破坏性的大火灾。同样，加拿大也刷新了很多令人不愉快的纪录：2016 年 1 月 1 日靠近北极地区的温度，竟然是零上；冰山迅速减少，格陵兰开始融化；2016 年 5 月在阿尔伯他发生了前所未有的大火灾；因天气变热而大量繁殖的害虫，侵害了大片森林；等等。同样性质的事也发生在俄罗斯：2010 年因从未有过的干旱和酷暑，谷物的收成几乎减半。更糟糕的是，我们甚至还可以把 2011 年在地中海沿岸好几个国家（埃及、突尼斯、叙利亚）发生的暴乱和气候联系起来：气候变暖导致的区域性干旱，让一部分人口无法获得赖以生存的食物，因此发生了暴乱。

但到目前为止，这些仅仅是温室效应增强后导致的结果中最初的一些蛛丝马迹，气候变暖还未变成普遍性的大灾难。

女儿：也就是说，我们根本还没看到最糟糕的部分？

爸爸：我们可以这样说，不幸的是，最严重的后果还未发生。实际上，地球对于多余的温室效应反应非常慢，而且我们强化温室效应的过程也很慢，然后带来的结果会持续好几个世纪。糟糕的是，二氧化碳的特性就是一旦我们在大气层中加入二氧化碳，要它离开就不那么容易了，因为没有任何一种方式可以让它消失。所以，尽管我们只是强化了一点点温室效应，气候则会在将来好几千年内因此持续不断地变化。慢慢地，我们会看到周围的一些改变，可那时已经太晚了，我们不可能再把整个气候系统变得跟“之前”一样。事情就是这样：媒体报道的都是已经发生的事，并非因为温室效应带来的后果现在已经到了最严重的地步，而是因为记录已经发生的事比较容易，报道起来也更方便而已。我们不可能录入 50 年后发生的事情！但其实比较严重的后果会发生在将来，而不是我们今天的所见所闻。

女儿：为什么我们排放这么多温室效应的气体？

爸爸：两个世纪前，人口数量少一些（我们现在差不多有 75 亿人口，而 19 世纪初只有 10 亿），而现在，我们每一个人，包括巴西人或印度人，又都在使用许多工业产品。为了制造或使用这些产品（如锅炉、物流、电器产品），需要使用很多能源。现在我们吃的肉也比以前的人更多，肉对温室效应气体的排放“贡献”也很大。

女儿：肉，也是排放源头？

爸爸：是的！获得一公斤畜牧养殖的肉类，必须种植4～50公斤的农作物。这就意味着，如果我们吃一公斤的肉，而不是一公斤的菜蔬类食物，就需要4～50倍的种植面积（饲养牛所需的种植面积最多）。耕地和畜牧的草地本来就不够，所以人们只能砍伐森林。

当你吃巴西牛肉（巴西人就是通过砍伐森林获得畜牧所需的田地、草地），或一块含有棕榈油的饼干（印度尼西亚的棕榈油种植地也是通过砍伐森林获得的），非常不幸的是，你就已经加速了红毛猩猩的灭绝以及气候的改变。

女儿：所有事都连在一起……

爸爸：是的。现在的世界所有事情都交叉在一起，我们不能再认为，自己所做的对别人要做的毫无影响。砍伐森林导致二氧化碳在大气层中的比例增大，这个比例和全球所有交通工具排放的二氧化碳是一样的，情况非常严重。更何况砍伐森林还会破坏生物多样性，当然这是另外一个课题了。

女儿：我们不能阻止人们砍伐森林吗？

爸爸：热带国家人口增长非常快，他们现在经历的是欧洲前一千年已经发生过的：为了养活越来越多的人口，就需要越来越多的耕地。耕地的增加就意味着砍伐森林，再后来有了冶金业，就需要更多的木头来烧锅炉。在公元 10 世纪到 19 世纪中叶，欧洲地表的森林覆盖率从 80% 降到了 15%。到了 20 世纪，其他大陆的人们纷纷模仿我们。人口增加、把木头作为能源，正是森林减少的两个主要原因。

另外，一旦涉及农产品出口，砍伐森林的情况就更加严重了，这就是在巴西和印度尼西亚发生的情况。我们若要迈出阻止森林砍伐的第一步，最有用的方法就是少吃红肉。我们甚至可以付钱给森林多的国家，让他们不要砍伐森林，或者直接给他们我们多余的农产品。事实上，砍伐森林带来的利润非常高（有木材可以卖，还可以获得耕地）；而假如我们想留住那些树木，就得让当地人不破坏森林却仍然有同样的收益。我们当然不可以为了我们自己的益处，而让当地人没有饭吃！我们必须得做一些事情让这些国家停止砍伐森林，不然的话，他们砍伐的森林越多，我们这边的气候就被影响得越厉害。

女儿：那需要被森林吸收的二氧化碳是人类怎么制造出来的？

爸爸：它们来自煤炭（今天很多国家仍然用烧煤来发电，比如德国 50% 的供电是靠烧煤炭而来的）、天然气和石油的使用。这些燃料通常也叫作“化石燃料”（就算用了“天然”两个字也是一样），由于使用它们而排放出来的二氧化碳从 1900 年到 2015 年翻了 20 倍！按二氧化碳来源来区分，26% 的二氧化碳来自使用煤炭的发电站（10% 来自使用天然气和石油的发电站），8% 是森林减少导致的，22% 来自工业排放（主要来自金属、玻璃、水泥、化工产品的制造），21% 来自交通工具的排放，7% 来自办公室及居民楼的供暖排放，其余的（6%）来自不同的排放（如农业机械、垃圾燃烧）。这些二氧化碳都增加了大气中二氧化碳的含量，导致大气中二氧化碳的总量比 1850 年高了 40%。

女儿：我们排放到空气中的二氧化碳为什么没有直接去别的地方？

爸爸："我们"的二氧化碳之所以会停留在大气中，是因为这对自然本身就有的二氧化碳来说，是多出来的。大气层就有点像装满水、接着好几个水龙头和一个排水孔的浴缸。大自然的排放通过水龙头注入浴缸，比如说有机体死亡后分解时和活物的呼吸作用产生的气体。而我们砍伐森林，使用石油、天然气和煤炭，就好像多打开了一个水龙头。排水孔就是地球上植物的光合作用，还有另外一个因为我们过多排放而新加进来的排水孔——海水，我们排放的二氧化碳会溶于海水里面。今天，我们每排放两升二氧化碳，其中就有一升很快被植物的光合作用和海水吸收，而另外一升则停留在大气中，并且不断累积下来。我们早已明白人类排放的二氧化碳要除以二，这样看起来好像它在大气中的占有量不那么高，但实际上我们所面临的不是一个小小的变化，而是一场巨变。

女儿：所以，如果我没理解错，这是人类近代文明的错。

爸爸：你理解得很对。我们使用煤炭、天然气、石油，我们砍伐森林，此外还养了15亿只牛（它们释放出很多甲烷），大气层中的二氧化碳因为人类的排放增加了40%。如果人类继续用“只要现在还没有问题”这种态度生活下去，到21世纪末，大气中二氧化碳的含量会大幅升高（甚至会翻倍）。

女儿：我还想问一个关于二氧化碳的问题，但你得答应绝不嘲笑我，可以吗？我们不会因为多出来的二氧化碳而缺氧死掉吧？

爸爸：不会，至少按目前来看，我们达到的排放水平还不能让我们窒息。假设你让一个人进入空气中二氧化碳含量为10%或含量稍微再高一些的房间，就算房间里有足够的氧气，这个人也会非常不舒服；而当二氧化碳含量继续升高时，这个人可能就会窒息而死。但现在大气中有20%的氧气和0.04%的二氧化碳，就算二氧化碳的含量达到0.06%，仍然不会妨碍我们用肺呼吸。二氧化碳百分比升高给人带来的不适只是“物理性”的，是由气候变化引起的，而气候本身对二氧化碳的比例这点小变化的适应性就没那么强了。

女儿：可是地理老师告诉我们，气候本来就是不断变化的啊……我们怎么知道是人类引起了气候改变呢？

爸爸：确实是这样的，地球上有人类之前是很长的冰川期，比现在冷太多了；后来到了恐龙时期，非常热，这些变化人类根本没有参与。总体上说，自从地球成形以来，气候一直不停地改变着。很多不同学科的科学家们专门研究过去的气候，他们基本上也就是那群会研究将来气候变化的人，这并非偶然。明白过去气候在没有人类的情况下如何单独运转，对于理解有了人类之后并且在气候条件中加入“微不足道的一点点东西”会带来什么样的后果，是必不可少的。

女儿：除了温度升高之外，气候变暖还会带来其他后果吗？

爸爸：当然会，但事情怎么发展取决于我们从现在开始怎么做。这有点儿像一个烟民的健康取决于他吸烟的量以及烟龄。他吸烟的日子越久，每天吸的数量越多，他得到不好结局，甚至因此死亡的“概率”就越高。对气候来说也是一样的：你们这一代人以及你的子孙后代会面对的后果，一部分取决于我这一代人以及你的祖父母那一代人已经做的一切，还有一部分取决于我这一代人在将来 20 ~ 30 年将会做的一切。

再者，气候不断变暖最可怕的后果不仅是温度升高，还有战争、暴乱、饥荒或疾病，而这些后果不是那么容易预知的。我们不可能计算清楚，在 2067 年，如果平均温度升高 2.54℃，来到法国的非洲难民会有多少！

女儿：但至少有一些简单的后果，是我们可以预知的，不是吗？例如，我总是听说，海洋水位会升高……

爸爸：确实如此，海洋水位升高是最容易预测到的后果。你知道吗？所有的物体，或几乎所有的物体，温度升高时都会膨胀。铁轨遇热会膨胀，水也一样。海洋其实只是装满水的（超级！）大浴缸，当水温上升时，水就膨胀，水位就上升了。到 2100 年，海洋水位大概会上升几十厘米。由于海洋需要非常多的时间——上千年或更久，来平衡自身和已经变暖的大气层的温度，根据我们现在所了解的情况，到下一个世纪，水位会继续上升，而接下来 10 个或 20 个世纪，水位仍会接着上升。

女儿：10 个或 20 个世纪！那么你这一代、我祖父母那一代人做的，我们可能消除那些相关后果吗？

爸爸：有一部分后果已经无法消除了。过去有一段时期，我们还可以说，后果怎么样尚不清楚，但现在，我们知道，我们已经找不到任何借口了。

第 2 章
海洋水位升高了

女儿：冰山真的会融化吗？

爸爸：是的，而且已经开始融化了。由于一些已知原因，一个多世纪以前，一些物理学家就已经非常清楚在靠近北极的地方气候最先开始变暖了。所以，科学家们总是非常注意格陵兰岛的情况，那里就是前哨岗，那里发生的事，之后就会在其他地方发生。我们回到你的问题，现在冰川学家在研究夏天北冰洋中的冰山会不会全部化掉，就算现在还没有发生，但等你到了我这个年纪的时候会不会发生呢？现在的冰山面积差不多依然是法国面积的八倍，但这比起三十年前，已经少了一半了！

女儿：冰山以后不会停止融化吗?

爸爸：遗憾的是，不会。这个过程一旦开始就只会越来越快。事实上，浮冰的反射能力很强，它现在融化成了相比之下吸热能力强许多，但反射阳光能力差许多的海水，于是，海洋的温度会比浮冰还在的时候上升得更快，这就又加剧了剩余的冰山的融化。一旦冰山融化了，将来好几千年都不会再有冰山了。

女儿：我懂了。那北极熊和海豹会随着冰山的融化而消失吗?

爸爸：北极熊和海豹都需要冰山才能存活下去，它们确实会随之消失。就像所有其他动物一样，它们要有一个居住环境才能活下去，那个住所不在了，它们也就消失了。对人类而言也是如此。

女儿：如果冰山都化了，海洋水位会上升吗?

爸爸：海洋水位不会因此直接上升。冰山是漂在海面上的冰块，而不是陆地上的冰块。你可以想象一下我们平常喝饮料用的小冰块，冰山总体上就是放大许多倍平整的冰块。对此，阿基米德解释过为什么当我们在一杯水里放一块小冰块，冰块融化时水位仍保持原来的位置：因为制造冰块的水在冰块融化之后所占的体积，恰恰正是冰块沉在水面以下的体积。

女儿：我要做这个实验！

爸爸：我相信你可以。要让冰块融化导致海洋水位上升，这冰块就必须来自陆地。在这种情况下，冰块融化成了水，流向海洋，大海水位就升高了。在现实世界里，陆地上确实有冰块，就是山脉（阿尔卑斯山、安第斯山脉、喜马拉雅山等等）上、格陵兰岛上和南极洲的冰川。这三者的冰川量相去甚远。如果所有山脉上的冰川都化了，海水水位大概会上升 30 厘米；如果整个格陵兰岛上的冰川都化了，海洋水位就会上升 7 米多（那时，半个佛罗里达州都会消失）；如果南极洲的冰川都融化，水位会上升八十几米，那时巴黎都会整个被水淹没。

女儿：所有这些冰川都会在将来一个世纪内融化吗？

爸爸：值得庆幸的是，不会全部都融化；但问题仍然很严重。接下来这一百年中，山脉冰川几乎会全部融化，现在有些地方已经融化得非常快了，局势的变化经常比我们几年前所料想的快得多。尤其当用更长的时间幅度——例如说几个世纪去观察时，我们会发现真的很有理由担心那些在格陵兰岛上和南极洲西边的大冰帽的结局。格陵兰岛上的冰帽已经开始融化了，一旦开始融化，这个过程是不可逆的。格陵兰岛的冰帽有几千米厚，而冰帽最高处比底部温度要低很多（这就好像蒙布朗峰山顶比夏蒙尼冷很多一样）。所以，一旦冰帽开始融化，它的顶峰高度就不断降低，降得越低，周围的温度越高，融化的速度就会越快。

地球的下一次冰川期，要等到三万年至四万年之后（如果人类还没有过于搅乱这个周期的话！），到时格陵兰岛至少会融化掉一半，甚至有可能全部融化。所以我们要做好心理准备，格陵兰岛这部分融化的冰川会让海水升高 3 ~ 6 米。

此外，南极也有隐患。如果我们现在可以立刻降低人类排放的温室效应气体，南极就不会融化——现在不会，将来几个世纪内也不会。但如果我们现在不行动，等过几年，南极的一部分就会消失，最危险的就是与合恩角

（Cape Horn）遥遥相望的“西部大冰帽”。单单这块大冰帽的消失，就足以让海水水位上升 6 米！而如果在将来的 10 年或 20 年内，我们的温室效应气体排放量像过去几十年那样持续增长下去，南极的冰川就会消失，海水在将来几个世纪内会上涨 10 米。所以，单单是格陵兰岛和南极的西部大冰帽融化，就有可能在 2500 年之前让海水上涨 15 米了。但是，没有一个人确切知道这些巨大冰块融化的速度，因为冰山融化的速度本身就是气候变化中的未知因素之一。

女儿：但我以为冰山融化不会引起海水水位升高的呀！

爸爸：冰山融化确实不会。但我也跟你解释过，冰山融化变成了海水，海水表面温度升高就会加速（因为有更多的光线被吸收了），而温度升高又会加速旁边大冰帽融化的速度。

女儿：简而言之，一切有可能比我们预想的还要来得更快？

爸爸：是的。几年前，大部分的冰川学家还认为格陵兰岛融化在未来一个世纪内只会引起水位上升一点点（几十厘米），或许对将来几千年内海水水位上升影响重大；但当时觉得只是有这样的危险，还不确定。可时间一年年过去，他们越来越悲观，也就是说他们认为情况恶化得越来越快。就格陵兰岛来说，过去人们只是认为对将来可能是个威胁，但现在我们担心的事正在发生。那些滨海城市，如布雷斯特、马赛、汉堡、汉诺威、波尔图，欧洲的或欧洲以外的，都将面临困境：港口被淹、土壤变松软、建筑物塌陷，所有那些在海水水位尚低时所建造的一切建筑都会遭到破坏。

女儿：这听起来确实不那么乐观，海水水位上升还会带来其他后果吗？

爸爸：要精确地描述后果比较难，但我们仍然可以想象一下。海水水位上升后，会倒灌进入近海的潜水层，而农民就是用潜水层的水灌溉种植农作物的。咸水对农作物有害，并且会让目前可耕种的土壤失去耕种的可能性。此外，最直接的破坏就是对沿海的建筑物：港口、公路、工厂、提炼厂、发电站（不只是核电站而已）、仓库、大楼等。

女儿：可是在沙滩上，海水上涨时，我们只要往后退一些就好了，不是吗?

爸爸：海水上升几米，我们在布列塔尼确实经常见到，这不需要几个世纪，只要6个小时就够了，除了那些在圣-米歇尔岛上没注意到涨潮的小马虎，没有其他人会因此而死。但你所举的这个例子有点误导人：涨潮——尤其水位能够上升到的最高位置是可以预见的。所以，我们早已根据涨潮的最高水位去适应这种情况了。比如，港口是按照涨潮的最高位置而设计的，以便在涨潮后我们可以照样使用；同样，荷兰防潮堤的高度就是为了防止涨潮时海水入侵而设计的。

但我们之前讲到的是一个新的现象，是在已有的我们人类已经适应的潮汐现象中再叠加上去的海水水位上升。假如海水水位真的升高足够多，那么在大涨潮和大退潮中，有时会伴随龙卷风或风暴，海水就会越过防潮堤而淹没公路、港口、铁路、农田、发电站或整片的居民区。发生在新奥尔良的卡特里娜（Katrina）和法国的辛西娅（Xynthia）飓风就是很好的例子。这些极端现象虽然只是偶尔发生，却破坏了我们建立的防御系统。相比于海水水位上升后发生这些极端现象会造成的总体破坏，现在的这些破坏根本算不得什么。而那时，我们所拥有的能源将远远少于现在，重建工作也将比现在困难得多。

女儿：我听新闻说，海水水位上升会带来上千万的气候难民。

爸爸：有些人靠邻近大海的基础建设或农田生活。海水水位上升之后，他们赖以生存的条件都不存在了，就得到别的地方去。所以，如果海水水位上升得厉害，并且淹没了人口密度高的地区，就会引起死亡和人口迁移。它还会造成其他问题，就跟发生在新奥尔良的事一样，只不过新奥尔良发生的是缩小版：城市的一部分完全被废弃，因而造成了上千人被安置在别的地方，虽然他们还是美国人、还留在美洲，但已经可以被称为气候难民了。再说，将来也不见得这些所谓的气候难民要逃到很远的地方去，他们可能只是搬到离原来住所几十公里的地方。

女儿：如果他们要搬到很远的地方去，这会带来问题吗？

爸爸：我们的地球已经有 70 亿人口了，基本上已经没有什么地方是无人区了，所以他们要去的地方，通常已经有人居住，到时情况可好可坏。如果接待他们的国家有很多工作机会和安置计划，那么一切都会进行得很顺利；但如果这个国家本来就有很多问题，再加上气候变化和能源问题，自己的国民就会有很多问题，气候移民的到来只会让情况更糟。比如在非洲，因为邻国军事冲突引起的移民人数，我们已经都数不清了；在欧洲，标志着中世纪开始的“蛮族”入侵，只不过是斯堪的纳维亚地区人口转移到了欧洲大陆——因为那时当地的农业收成很差，人们没有别的选择，只好到别的地方谋生；而这个地方却没有敞开双臂欢迎他们，他们就只好用武力夺取了。

女儿：叙利亚难民也和气候改变有关吗？

爸爸：你都不知道自己说得有多好！答案是气候改变确实有一部分原因。全球气候变暖带来的后果之一就是地中海盆地一带降雨量减少，这样一来，当地居民就没办法自己耕种出足够的粮食，只能更多依靠进口的食物。这就让人口更多地流向城市，因为他们无法再靠农业谋生。可是，在农业减产的情况下，叙利亚政府并没有进口更多食物，食不果腹的农村人口涌到城市，导致了内战的爆发，结果就有上百万的难民到了欧洲。

就在同一年（2011年），埃及和突尼斯出于同样的理由（持续的干旱，而国家没有能力进口更多食物喂饱人民）发生了大暴乱。所有这一切，就发生在欧洲的家门口！

女儿：就是由于这些，人们有时会提起气候改变导致了战争？

爸爸：是的，这确实是将来最大的隐忧之一。当人民绝望的时候，他们就不再有所顾忌，就有可能发生暴动。但是，没有人可以对未来做出预言！我的孩子，我再说一次，正是为了这样的场景不要发生，我们才尝试去理解将来可能发生的事。对我们来说，设想一个悲惨的未来是很困难的，因为两个世纪以来，我们总觉得时间是我们的好伙伴，明天会比今天更好，将来我们会更富有、更强大、更有能力。但历史给我们的教训常常是相反的。2008年开始的金融危机（由于石油产量不足导致全球经济脱轨）就是最好的警钟，因为没有人想过会发生这样的情况。

女儿：将来会有更多的飓风吗？

爸爸：所有在大气层产生的强烈气候现象（如飓风、暴雨、龙卷风）都有同一个“引擎”，那就是充满凝结水汽的大气层上层和下层之间的温差。全球气候变暖让土地温度升高，大气层温度降低，这就让上下的温差变得更大；当海洋表面的温度变得更高，就意味着空气湿度也增高了。物理学家已经尝试着解释：真的会发生“一些事”，可能与风暴的强度有关，也可能跟风暴的次数和路径有关。到目前为止，他们认为最有可能的是风暴的平均强度会越来越大。而这确实就是过去三十年来在北大西洋发生的事，尽管我们很难说清楚这是一种证明，还是纯属巧合。只是这些年来，我们观察到飓风——或在太平洋上形成的气旋（即台风），这些风暴的强度前所未有，每年的总次数也是前所未有。

女儿：在大西洋上有湾流，这种现象会不会停止？

爸爸：湾流是很大的海洋洋流运动，影响着整个地球。你认真听我解释一下。故事从太平洋的热带地区开始，那里有从东往西吹的信风，风带动海水流向西边，在海洋表面形成了海水流势，途经印度洋，再绕过非洲，抵达南大西洋，再向上流向赤道，又因大西洋的信风影响而加速，在地球自转作用下向北流去。这股由赤道向北大西洋流动的洋流，我们称为湾流。由于赤道水是热的，流经欧洲时我们也是受益者，就像拥有了特殊的暖气片一样，所以巴黎和蒙特利尔虽然处于一样的纬度，气候却相差甚远。当这股洋流最终抵达格陵兰岛附近时，水温已经下降了，并且含盐量较高（海水流动的过程中水分被蒸发，但是盐分没有被带走），这些密度较高的海水就往海底“沉”下去了。这些沉下去的海水在海底继续流动，直到抵达位于东太平洋的秘鲁，又重新浮出水面。这个上升流（英语里是 upwelling）带来了矿物质，让海洋的浮游生物可以大量繁殖，由此鱼类——尤其是鳀鱼类大量繁殖，秘鲁许多渔民靠捕这种鱼为生。

目前随着全球气候变暖，抵达格陵兰岛的海水水温变高，并且这个地区降雨量比以前大，因此海水的含盐量也降低了。也就是说，抵达格陵兰岛的海水相比之前密度低、温度高，比较难“沉”到海底去。所以，海洋的整个洋流运动都被改变了，而湾流现象也减弱了。要描述这些正在发生的事是容易的，但要预测这个现象改变的速度有多快、影响的幅度有多广，却是另外一回事！

法国的气候不太可能马上变得和加拿大一样拥有漫长的寒冬，但可能还没等我们弄清楚发生什么事，湾流现象的改变就引起了整个气候系统的剧烈变化。非常不幸的是，最新的科学研究显示，在2100年之前就发生巨变的可能性是很高的。湾流现象停止，过去发生过几次，尤其最后一次冰川期时的停止现象比较严重，而这几次停止的时间长度都不长——才几十年，但在当时引起的后果是很严重的。当然，历史绝不会上演一样的戏码，但过去发生的这些现象应该让我们保持警惕。

第 3 章
大混乱

女儿：如果气候发生改变，我们现在仍然无法预测将发生什么事吗？

爸爸：不幸的是，确实不能。拥有几十亿常住人口的地球，在一个世纪内气温上升几度导致气候变化，这在历史上是从来没有发生过的。未来充满变数。

女儿：既然我们不知道冒着什么样的风险，我们为什么要努力？

爸爸：因为就算我们不知道全部，我们也已经清楚知道气候不可以改变太多。通常，当我们说“我们不知道，所以我们就不做”时，只是因为我们无论如何都不想努力而已！关于气候的将来，我们要求科学做出全盘解释和完整的预测；而对于其他很多事情，我们的要求根本没这么高，这对科学太不公平了。我们生小孩或者结婚时，也一样有很多未知风险，但我们却从未要求预知一切风险！

女儿：可是，生小孩或者结婚所冒的风险我们是知道的呀：一个没有教育好的孩子，或者一段失败的婚姻。我知道那是什么。但我不知道气候失常的后果。

爸爸：你说的没错，当我们清楚后果是什么时，比较容易做一些预防措施。如果我告诉你抽烟不好，我可以带你去医院看那些因抽烟生病而不能说话的人、半身不遂的人、被切掉一个肺或食道的人……这比给你讲讲写在纸上的数据要有效得多。但事关气候，我没有办法这么做，因为在我们周围的这一切都是第一次发生，所以我们手上并没有任何现成的资料可以展示。我们应该对过去从未发生而现在发生的事心存敬畏，尽全力让我们所害怕的事绝不发生。但我再次强调，我们现有的科学知识已经足够让我们做出一些改变了。你害怕生病吗？

女儿：当我想到生病时，确实会害怕，但还好我不是经常想到生病这件事。

爸爸：气候改变带来的风险之一，就是我们面对疾病的频率更高，或者说，以前或许在一些地区从未有某些疾病，而现在这些疾病也有可能发生在那个地区了。

女儿：比如说疟疾？

爸爸：我们可能最先想到的就是这个例子，但实际上，疟疾是一个已经“稳定”下来的疾病，每年有上百万人因疟疾而死亡，气候改变也不可能让这个数字升高十倍或百倍。但霍乱却是个很好的例子，我们无法推测气候变暖会如何引起霍乱患者增加，这个过程太复杂，我们无法预测。医生们已经注意到，在孟加拉国，每当东太平洋天气比平常热时，霍乱的病例就会增加。事情非常有可能是这样的：引起这个疾病的细菌——霍乱弧菌，需要在有热的混合咸水（淡水和海水的混合物）的环境下滋生。当东太平洋温度升高时，孟加拉国的降雨量就会增多（因为有更多的蒸腾作用），那么就有更多的混合咸水让弧菌更容易滋生，引起霍乱的流行。总之，东太平洋的表面水温升高，看上去人畜无害，其实影响却是致命的。用同样的逻辑去思考，我们会发现，东太平洋海水表面的升温是典型的厄尔尼诺现象，会导致秘鲁公海海域鱼类的减少、南美洲北部暴雨和洪荒（还经常引起山体滑坡，造成人员伤亡）、加利福尼亚州的大火灾等等。这些现象都表明，气候变暖，可不只是与穿什么游泳衣相关——法国的政客们经常这么说，但他们只是用非常愚蠢的方式吸引大家对自己的注意罢了。

女儿：所以你的意思是疟疾也是气候变化带来的结果之一？

爸爸：不一定需要用疟疾来说明这件事。从整体上来看，气候变暖其实是让地球这个大锅里的水温升高一点，最开始细菌们如鱼得水。有些细菌是我们的好朋友，例如帮助我们消化的肠道细菌；但另外一些细菌，我们可就不怎么喜欢了，比如引起结核病或流感的细菌。因西班牙流感而死的人比一战时死的人还多！这就意味着，疾病太难预测，今天没有一个人有能力断定说：全球温度升高 1.8℃时必然会造成 2.65 亿人死亡。我们能够做的就是评估风险，或者计算风险的概率。对于人传人的传染病，计算风险概率已经相当难了，更不用说还有那些靠“媒介”传播的疾病。

女儿：媒介传播？那是什么意思？

爸爸：媒介，就是可以传送某一种东西的“载体”。在军事用语中，载体可以指装载在导弹上的核弹；在医学领域，可以指传播引起疾病的细菌的一种动物——通常都是小动物，如昆虫、鸟类等等。疟疾的病原体就是由蚊子传播的，昏睡症的病原体由采采蝇传播，流感的病毒可以通过鸟类传播。气候变暖会改变所有这些疾病传播媒介能够存活的区域，这一点对于昆虫尤为明显，还会改变昆虫的内在习性。通常，媒介是病原体或寄生虫的“后盾”，它们需要一段时间在作为宿主的昆虫身上发育才会对人类产生危害。我们最担心的事情就是，广义上的细菌或昆虫，本来在某种气候条件下是无法存活的，却因为气候改变开始适应了该种气候条件。

女儿：到时我们什么也做不了吗？

爸爸：当然可以做些什么，但是到时再做可能效果远不如现在就做好。今天，造成气候改变的化石能源（煤炭、石油和天然气），也创造出了非常杰出的医疗系统。在医院到处都看得到能源的影子：能源提供暖气，能源让制造CT机、纱布、血压计、药物药品、假肢的工厂运转起来，能源使供货的卡车、救护车、医生和护士的车可以开动……还有其他更多的用途，我就不说了。但不幸的是，在你这一代，能源紧缺的问题会越来越严重；与此同时，气候改变带来的后果也会越来越明显。另外，人们吃得好不好直接影响他们的身体抵抗力，而气候改变也会影响农业。

女儿：我们将来一直会有食物吧？

爸爸：这完全取决于在世界的哪个区域。在某些农作物产量不够的国家，饥荒已经发生了，尤其当他们又与邻国的关系不好，导致了从比较富裕国家来的生存物资无法顺利、足量地发放到需要的国家。下面我所说的，基本不会错，那就是全球气候变暖会导致本来在热带地区生活的物种会往南北两极移动。这当然只是比较笼统的描述，而且这种情况发生的严重程度完全取决于将来几十年二氧化碳的排放量。你还记得2003年的夏天吗？

女儿：那一年的酷暑吗？以后每个夏天都会这样吗？

爸爸：如果全球平均温度升高3℃，我们每年的夏天都会比2003年的更糟，到时欧洲的平均温度会升高4℃～5℃，因为陆地上的温度比海洋上的温度升高得更快（正是因为布雷斯特几乎就“在”海里，所以那里的夏天比巴黎凉快，冬天比巴黎暖和）。而5℃的差别，就是欧洲正常夏天和2003年夏天的差别。如果全球平均温度升高3℃，我们称为酷暑的夏天，将成为正常现象；而这也意味着，到时被称为酷暑的夏天，会比2003年更热。你可以想象这对植物和动物将是多么大的挑战！如果真的发生这种情况，在法国，森林里的大部分树木都会死掉，而且我们的农业会遭遇非常严峻的挑战。

女儿：平均温度将在2100年上升3℃吗？

爸爸：这不会是在2100年1月1日时突然发生，而此前直到2099年12月31日一切都好好的。我们不能这么想。我们总用2100年来做气候模拟的时间终点轴，但这很容易误导人，因为这容易让所有人以为在此之前，不会有任何麻烦事发生——显然，这样想是完全错误的。

女儿：那在 2100 年之前会发生什么事呢？

爸爸：随着温带区域的平均温度迅速升高，植被被影响的方式表现在各个方面：降雨量过少，2003 年就是这种情况；降雨量过多，2016 年春天就是雨水过多；温度过高；还有其他许多新的威胁。举个例子来说，威胁人类健康的那些因素也可能转移给植物，那些因素对它们来说未必不是“疾病”，比如显微真菌、病毒、害虫带来的威胁。如果气候条件非常利于这些有害因素的发展，一个植物物种就有可能因此而消失，至少会在某一特定区域内消失。加拿大森林靠近北极，受气候变化影响比别的地方都早，有一种虫子（这种虫子的学名为山松甲虫）比以前繁殖得更多更快，大量松树因此而死亡。干旱则让另一个有代表性的物种——欧洲山杨大批枯死。在法国，气候变暖让一种爬行毛虫繁殖得更多。我还可以举出许多例子，还有我们时常听到的森林大火——森林大火发生的频率会越来越高，因为夏天高温的情况会越来越频繁。

女儿：一个没有森林的世界？多么悲哀啊！

爸爸：对许多国家来说，这样的悲哀已经发生了；例如海地的森林已经完全消失了（不是气候改变引起的），事实上这已经造成很大的问题。是否有森林影响当地的降雨情况，以及雨水滞留程度，而这一点对农作物影响很大。下大雨的时候，被森林覆盖的斜坡比只有草或灌木的斜坡更能减缓洪水对山谷的冲击。再有，一些生活在森林中的动物，比如说鸟类，捕食传播疾病或破坏农作物的害虫；森林消失，它们也就不见了。总之，如果法国阿基坦（Aquitaine）① 的气候跟西班牙安达卢西亚 ② 一样，那么阿基坦所有的森林就都要消失了。

女儿：如果森林都消失了，是不是连氧气都没有了呀？

爸爸：值得庆幸的是，不会马上出现没有氧气的情况。我们所有人都认为因为植物吸收二氧化碳、释放出氧气，所以森林是制造氧气的主要场所。但是在森林里还有别的生命体，它们是“正常”呼吸的，也就是说它

---

① 阿基坦，法国西南部地区，温带海洋气候。——译注

② 安达卢西亚，西班牙南部地区，亚热带地中海气候。——译注

们吸入氧气，呼出二氧化碳。这些生命体包括动物，有时是可见的（包括蚯蚓在内！），更多的是靠植物和植物残骸维生的微生物，它们主要负责分解植物残骸。当一片原始森林处于平衡状态时，植物光合作用吸入的二氧化碳和微生物分解残骸时产生的二氧化碳是等量的。我们常常把森林比作地球的肺，以为它们是我们呼吸的命脉所在，但事实并非如此。即便这样，森林消失也会引起二氧化碳排放增多，野生动物物种消失，这些都不是什么好玩的事。

其实，掌握地球呼吸命脉的东西不在地上，而在海里，它们就是海上的浮游植物。它们吸收二氧化碳气体，释放出氧气和碳，氧气逸散到大气中，而碳则成为海底沉积物。

女儿：农田也和森林一样受到威胁吗？

爸爸：这也取决于气候条件。直到目前为止，人类都在试图通过各种方式不再被耕地条件限制，比如说冬季（在大棚）种植番茄，或者灌溉干旱地区使土地成为可耕种的。但这些尝试消耗大量的能源（让大棚保持较高的温度、让水顺利抵达干旱地，或是让咸水变成淡水）。这样算下来，冬天大棚种植的一公斤番茄需要消耗掉一升的石油。只要我们还有许多能源，我们还有能力做这一切尝试，但就像我们下面会说到的一样，我们不会永远有这么多的能源。

女儿：我们不能用其他东西代替小麦或马铃薯吗？

爸爸：替代方案显然是存在的，至少在某一限度之内。农民可以改变种植的品种，改变种植的时间，或早一些或晚一些，我们当然也可以改变我们的饮食习惯。我们越少吃红肉，我们需要生产的饲料就越少。同样的道理，如果我们接受冬天只吃卷心菜和胡萝卜，而不是番茄和四季豆，这样也可以减少二氧化碳的排放，更好地“对抗”气候变化。但这些努力都只能在一定范围内产生影响。另外，在法国，还有雪的问题。

女儿：雪？雪地里什么都长不出来啊！

爸爸：确实长不出来。但冬天积下来的雪到春天、夏天融化时，可以让河流里有足够的水，这一点对农作物，还有鱼来说非常重要。当然，河流总是有的，因为河流里的水主要来自降雨。就算气候改变，也不会不下雨，反而会有更多的雨。气候越炎热，就会有更多的水被蒸发，那么“总体上”降雨量会增多。但很重要的一个问题是，我们不知道降雨量是到处增多，还是在某个地方暴增，而另外一些地方暴减。不幸的是，目前我们可以得出的结论是情况在往最糟糕的方向发展。也就是说，在本来降雨就多的地区，降雨量变得更大；而本来雨水就少的地区，降雨量却变得更小。此外，降雨的节奏也会被改变——滂沱大雨非常不利于土壤储水，反而是让人心情忧郁的毛毛雨利于农作物生长。最后还有一点，气候变暖之后，本来只会下雪的地方，例如说山上，就会开始下雨，这样水会立刻流向山谷；而本来山上冬天的积雪是要等到春天、夏天雪化成水之后，来滋润树木和人类所需要的农作物的！

女儿：这对动物有什么影响吗？

爸爸：不管是为了居住还是为了食物，动物都需要树木，它们的生存，很大程度上取决于植物。但要注意，说到“濒临绝种动物”，你总是想到大猩猩或大老虎。人类的扩张确实威胁到了它们的生存，不管气候改变不改变，它们都已濒临绝种，不幸的是它们的命运已然如此。但这种大的哺乳动物只是生物多样化的冰山露出海面的极小一部分，而此外更多的动物物种如昆虫、鱼类、两栖类、鸟类等等受到的影响也将很大。

女儿：这么多的物种都有可能绝种吗？

爸爸：某些物种在某个时间期限内会绝种——这样回答是容易的（事实也的确如此），但要更精确地回答就难了！我要再说一次，就跟其他问题一样，明天动物物种的数量，跟今天或此后十年全世界拥有的燃煤发电厂、汽车、牛和燃煤暖气的数量或者是否拥有这些有关。研究人员试图算出有关数据，但这些结果只是指示性的，不能当作精确的预测。再说，动物物种的绝迹数量，跟现在已经存在的一些问题相关（如去森林化、人工化、捕猎、偷猎、过度捕捞、污染），气候变化在这些因素之上又加了一笔，所以很难弄清楚到底哪个因素是起决定性作用的。比如说，在加拿大，代表着国家的象征性动物——加拿大驯鹿数量大幅下降，有一部分可以归因于气候变化，但也有其他原因（森林砍伐、捕猎）。鱼类数量减少的情况也一样。

女儿：所以鱼类也无法幸免于难？

爸爸：海洋看上去非常大，但事实上几乎像个沙漠，没什么生物：海洋里所有生物的总重量加起来是陆地上的生物总重量的五百分之一！而我们人类给海洋造成了四重破坏，这对鱼类非常不好：第一重就是最古老的——捕鱼，这让北大西洋的鱼类的数量只剩下原来的十分之一！第二重是污染，局域性的或是全球性的污染，几乎所有我们在陆地上释放出来的排放物最后都流向海洋。第三重是让海水变热。第四重是让海水酸化。

女儿：酸化是什么意思？

爸爸：就是酸性变强的意思。

女儿：海水变得更酸？

爸爸：事实上，海水的酸性正变得越来越强，有点儿像我们往海里倒了大量的醋。但引起这一现象的不是醋（不然需要太多醋了！），而是我们排放了过量的二氧化碳到大气中。你还记得我前面说的吗？海洋吸收了我们排放到大气中的一部分二氧化碳，这些二氧化碳和水发生化学反应形成酸。这对那些需要合成钙物质而长出骨骼、贝壳、甲壳的生物来说不是好消息。你应该知道，如果往粉笔（就是石灰钙）上倒酸水，粉笔马上就化了！

女儿：是的，还会冒泡泡！那需要合成钙物质的动物很多吗？

爸爸：所有的贝壳类（如牡蛎、贻贝）、所有的甲壳类（如螃蟹、海蜘蛛）、一部分珊瑚，还有大部分的浮游生物——它们处于海洋生物链的最底端，还有带着龟壳的乌龟（我没有忘记）。所有这些动物，如果无法适应变酸的海水，都会消失。

女儿：但这些和温度没有任何关系。

爸爸：就这方面来说，确实没有。但起因都是一样的：我们排放的二氧化碳让地球变暖，让海水变酸；而我们可怜的鱼、螃蟹、珊瑚，必须适应这两个变化，否则就要死掉。最有可能的结局是，鱼的数量不断减少，各种冲突不断增加。

女儿：那臭氧层空洞和气候变化有关系吗？

爸爸：我的女儿，你知道吗？30% 的法国人错误地把温室效应和臭氧层空洞混为一谈。再说，臭氧层不是真正的一层臭氧，空洞也不是洞。

女儿：爸爸你的意思是？

爸爸：当我们说到“层”时，我们想到的是一层雪，这层雪与其他东西之间有清晰的界线，而在界线之内，只有雪，没有别的。但臭氧层的“层”完全不是这个意思。空气中臭氧的含量，靠近地表时为 0.003%，在距离地面 20 ~ 25 公里的高空处浓度上升到 0.5%。“层”指的就是这一段臭氧含量在 0.1% ~ 0.5% 之间的大气层。但其实臭氧只占该层大气总量的 0.5%，根本就不能跟我们的量词描述“一层雪”或“一层油漆”中“层”的概念相比！

女儿：这样看起来臭氧不是形成一层气体带，这样怎么会有空洞呢？

爸爸：就是不可能有空洞，是这个名词误导了大家。人类所做的，是向空气里排放了一些气体，而这些气体破坏了臭氧分子。举例来说，本来在某一个高度，臭氧的浓度为 0.4%，现在却变成了 0.36%。这就是所谓的臭氧层空洞，但它其实跟洞没什么关系，而且臭氧层空洞和气候改变两者之间没有必然的联系。高空的臭氧分子被破坏之后，抵达地表的紫外线就增多了（本来臭氧可以吸收大部分紫外线），这对生命体非常不利（紫外线对植物和动物都有害）。这么多人把臭氧层空洞和气候变化混在一起谈论，是因为它们之间有三个共同点：第一，同样由现代人类的生活方式引起；第二，这两个问题都发生在“我们头顶上”；第三，破坏平流层臭氧的气体同样也是温室效应气体。从相关性来说，就这三点，没有更多了。

第 4 章
石油传奇

女儿：那么，关于气候变暖，起源是石油吗？可是石油是从哪里来的？

爸爸：石油，就是一种非常宝贵的腐烂物。石油的故事可以从几千万年甚至几亿年前的海洋说起。那时海洋里和现在一样有许多小生物，就是浮游生物。这些浮游生物死的时候，一部分沉入海底，混合在沉积物（河流带来的矿物质，或者风吹来的灰尘）中。随着地球板块的运动，海底沉积物和其中所包含的浮游生物尸体一起被埋进地壳深处，那里的热量好像温火一样“煮”着这些东西，后来慢慢形成天然气和石油，然后从形成它们的小岩穴中被排出，在岩穴中会留有一些煤（因为散布在沉积物中而无法开采)。形成天然气和石油的沉积物在热和压力的作用下变成沉积岩，被称为“母岩”(使用“母”字，是因为它是产出石油和天然气的“母亲”)。通常，故事就停在这里了。

女儿：怎么会停在这里？不是应该去开采浮上来的石油吗？

爸爸：不是！故事通常确实就停在这里，因为一旦石油和天然气留在母岩里面，就很难提取出来。即使它们能离开母岩，也是缓慢流向地壳表面，我们根本无法收集。

女儿：为什么会这样？

爸爸：因为石油最终停在地壳表面时，这个表面有可能是海底深处，它会渗入泥土，或者扩散到水里，很快就被细菌“吃”掉了。就这样，所有这些用了上千万年形成的石油在很久之前就流到了地壳表面，今天基本已经全部消失，不剩下什么了。

女儿：这些石油都消失了，那我们消耗的石油是从哪里来的呢？

爸爸：那是在地下正常形成、没有流向地表的一小部分石油。石油从母岩中被排出后，开始慢慢流向地表，在这个过程中它遇到一个“陷阱”（石油无法穿透的岩石层——通常是黏土层或岩盐层，以穹顶或断裂缝的形状出现），就会非常缓慢地滞留在“陷阱”下面穿透性较强的岩石层中，这个过程大概需要上百万年。我来总结一下，要形成今天我们所需要的石油和天然气的“储存”，首先需要很久很久以前海底沉积物和有机物质一起被埋入很深的地底下，然后混合物被慢火“煮熟”；而在这些物质上面的某处，有一层带气孔的岩石层被无法渗透的岩石层覆盖，这两者形成一个“陷阱”。由于浮游生物残骸被“煮熟”了之后总是形成石油和天然气，带气孔的岩石通常本身就有一些水分，所以我们可以在油气藏（réservoir de pétrole）[①] 里看到三种物质（石油、天然气、水）。不同的油气藏里，这三种物质的比

① 油气藏是地壳上油气聚集的基本单元，是油气在单一圈闭中的、具有独立压力系统和统一的油水界面的聚集。——译注

例各不相同。虽说我们用储存空间这个概念来形容油气藏，但这不是普通意义下的储存空间。你知道汽车的油箱吗?

女儿：我从没看过，但我想应该就是一个大箱子之类的东西?

爸爸：差不多，就是一个硬的大塑料袋。燃油进出都很方便，你只要打开盖子或用泵抽取，就可以简单地拿出放在里面的燃料。但是石油的地下储存空间，完全不是这么回事，它们通常都是岩石。

女儿：岩石!

爸爸：对。石油聚集的储油空间，在有石油之前并不像汽车油箱（或一个洞！）是空的。石油存在储油空间下方的可渗透岩层的小孔里，而这些岩石通常是砂岩、石灰岩，有时就是沙子，或者别的什么可渗透岩。若一个油气藏是“满”的，石油——石油开采者称之为“原油”，只占渗透岩的几个百分点（通常是 5% ~ 10%，非常偶尔的情况下会多一些）。含有石油和天然气的这层岩石，我们叫作储油岩（roche-réservoir），但它和汽车的油箱完全不同，就像你跟七星瓢虫毫无相似之处一样。

储油岩和汽车油箱最大的不同在于，我们完全不可能从储油岩中把石油全部开采出来，因为大部分石油紧紧“粘”在岩穴里。平均算起来，石油开采者最多能从储油岩中开采出其原油总含量的三分之一，不会更多。

女儿：如果我理解得对，要是我找到一个储油岩，我只能开采出其中原油总量的三分之一，不会更多，是吗？

爸爸：就单个的储油岩来说，这个比例可以从 2% 浮动到 80%！要知道，我们从来不会提前知道一个储油岩出来的油气水比例是多少，而开采一个油田，我们也不会真的清楚能够开采出其中多少原油。但全世界所有的油田大概有上千个，原油的平均开采量大概占油田原油含量的 30% 出头。

女儿：现有油田的石油被我们用完时，我们还可以去发现别的储油岩吗？

爸爸：石油需要几千万年、几亿年才能形成，远不及我们消耗石油的速度。实际上，石油公司找到的可开采的储油岩在人类出现以前就已经形成了。所以，新的储油岩不可能那么快就形成；再者，石油专家已经说了，我们已经发现了几乎所有可开采的储油岩。现在我们每年发现的新油矿数量是20世纪60年代的1/6。从那时开始，石油储量就与油矿的发现数量无关了，我们只是用不同的方式计算我们本来就知道的油矿的储油量，或者我们知道将会开采的油矿的储油量。但事实上，我们有的石油总量并没有变多。

女儿：石油是怎么被发现的？

爸爸：首先，用超声波侦测，就像给人做孕期检查的超声波一样。超声波在医学领域应用非常广泛，原理就是用声波检查物体的内部，例如孕妇的肚子，当然也可以是土地内部。石油地质学家使用的超声波叫作地震分析仪，经常配合炸药一起使用。炸药爆炸发射的波段会从地下的不同地质层反射回来，提供给人们所需要的信息。而当人们寻找海底的油矿时，会使用非常强的声呐（sonar，这种声波定位仪会威胁到海豚和鲸鱼的生存）。声波分析可以大致计算出是否能找到石油。如果地质学家认为他们探测的这个地段下面藏有石油的可能性很大，下一步，他们就会“直接”去侦察。所谓侦察，其实就是打出一个钻井，用特殊的仪器钻一个非常深的洞，这样就可以取得钻探试样——一段圆柱形的、包含地下每一个地质层的岩石样本，其中包括了可能有“黑金”的那一层。接着，地质学家就仔细地分析这个试样去确定是否有石油；如果有，石油的质量、所占比例如何等等。

女儿：这些技术名词，我都听晕了……

爸爸：确实是这样，找石油比我们在报纸上所读到的要复杂得多！一旦勘测结果是正面的，就是钻探试样所在的地方真的有石油，他们还需要最后赌一把：弄清楚这个矿脉实际上可以提供多少石油。这取决于储油岩的大小（有时单单从地表很难看出具体面积）、岩石中藏油的岩穴的大小和压强，还有石油从一个岩穴穿过到另一个岩穴的难易度等等。所以精确地说明地下还有多少石油可开采，真的没那么容易。

现在我们来总结一下。非常重要的第一点，就是石油和天然气是不可再生能源，而且并不比煤炭多。煤炭的形成过程和石油一样，只不过煤炭是陆地上生存了三亿年的蕨类逐渐被埋在地壳中形成的。这让我们不得不面对另一个现实：每当我们使用储量不会增加的矿物时，不管是石油还是铜矿、钻石矿或磷矿，必须算出每年最大出产量，可是每年最大出产量的总体趋势却是每年不断下降。虽然出产量偶尔会小小升高一下，但大的趋势就是不断下降。

女儿：也就是说，石油一天天在变少？

爸爸：是的，关于这一点我们非常确定，尽管我们并不想这样。尤其是从“常规”油矿里开采出来的石油，我们非常确定，其开采量达到最高值已经是在十年前了。多亏了人们直接找到了母岩（就是形成石油的地方，我前面跟你解释过了）才让近十年的石油开采量略微有些增加，这些母岩（媒体通常称为油页岩）大部分在美国。但这也是最后的挣扎，将来几年内，全世界石油产量一定会降低的。我在工作场合或其他地方跟别人解释这个问题时，显然没有人愿意相信这一点，因为石油就好像让人舒服上瘾的毒品一样，我们实在已经太享受石油带给我们的好处了！1950 年之后，每年石油的总消耗量比之前增加了8倍；相比1850年，人类消耗化石能源（天然气、煤炭、石油）的总量翻了150倍。

女儿：我们可以清楚地说出哪一天石油会消耗完吗？

爸爸：不管是明年还是五年之内会消耗完，我发现我们人类根本没有准备好面对这一天！如果你想明白为什么会不确定哪一天耗竭，我们还是要回来讲一些技术问题。我们什么时候会达到石油消耗的最大值，取决于地壳中的剩余石油量。石油地质学家解释说，大自然制造的可开采的石油量大概是3兆桶（从石油业发展伊始，我们就用桶来做石油计量单位，一桶等于159升）；此外，地下还有许多不可开采的石油，尽管很多人都喜欢提及这些石油的数量好让自己安心，但其实我们真的无法把这些数量计算在内。这些石油要么困在母岩中呈现扩散状态，要么“粘”在矿脉的岩穴中粘得太死，我们根本无法提取。在可开采的3兆桶石油中，人类已经用了1.4兆桶。所以我们还剩下一大半可使用的石油，其中包括我们目前已经开采出来的。另外，这个大约3兆桶，可以是2.8兆桶或3.5兆桶，这种具体桶数的不同会给耗竭日的估算带来很不一样的结果。

如果大约 3 兆桶的精确值是 2.8 兆桶，也就是说我们还剩下 1.4 兆桶可使用的石油，那么石油产量最高值就可能发生在昨天（这是非常可能的情况，因为石油生产值从 2015 年下半年开始减少），也可能就在我们谈话的这一刻。如果地下还剩 1.6 兆桶石油，那么最高值可能发生在两年之内；如果还剩 2 兆桶石油，这个峰值将出现在 2020 年。无论如何，对欧洲人来说，石油产量最高值早就已经出现过了。

女儿：这是什么意思？欧洲的石油消耗量在减少吗？

爸爸：是的！ 2006—2015 年间，欧洲的石油消耗量减少了约 20%！

女儿：是因为我们节约使用能源了吗？

爸爸：可惜的是，完全不是。我跟你说过，近十年来，世界石油总产量几乎没有增加。与此同时，中国的经济环境变得更好，石油也消耗得越来越多。同样的事情也发生在出口石油给我们的国家，他们用赚来的钱买更多的汽车，因此自己就留下一大部分开采出来的石油。

所以，世界石油总产量不变，而那些国家的消耗量变大，其他地方的消耗量就减少了。因此，十年以来，“曾经”的石油消耗大国——美国、欧洲各国和日本，消耗量大幅降低。将来世界石油总产量降低的时候，这些国家会被迫更快速地降低石油消耗量。

女儿：哎呀！如果石油没了，我们该怎么办？

爸爸：这正是需要人们绞尽脑汁去想的问题。情况就是，当你老了的时候，我们还有石油，但只会越来越少。我经常听到“石油还能供应40年”的描述，但这只是媒体逞一时之快的说法，根本没有起到警示公众的作用。这样的说法带来的结果很可怕，就是我们根本没有准备去面对“石油越来越少”这件事，而这件事从十年前就已经开始发生在欧洲、北美和日本了，并且和你经常听大人们谈起的“经济问题”直接挂钩。

女儿：可是我们真的消耗了非常多的石油吗？

爸爸：一个法国人一年平均要用掉一吨石油。这比一个成人一年喝掉的水量还多！

女儿：太惊人了！我们消耗的石油竟然比水多！

爸爸：是的，只是我们意识不到，我们身边到处都是石油。绝大部分当然是消耗在交通上：汽车、轮船、飞机，还有火车（柴油）。法国一辆车每年消耗 500 ~ 1000 升汽油（这当然和车的大小和使用频率有关），坐飞机来回巴黎—纽约一趟，就会用掉相当于两浴缸的石油（400 升！）。现在石油储量越来越少，我们必须改变生活习惯。就算不考虑气候改变的因素，也得这么做。

女儿：是要多走路吗？

爸爸：你出生的这个国家，人们习惯开车就像习惯呼吸一样，但这其实是很新的现象。20 世纪 50 年代，就在我出生前不久，法国人才开始习惯开车比走路多！我和你差不多大时，停车场只有现在的一半；人手一辆上吨重的小轿车，是最近才有的现象——这不可能持久，虽然人们总说“没有别的办法”。可是，我们必须要有别的办法。

石油、煤、天然气（虽然称之为“天然”气，但比起石油，并不具备更多的可再生潜力，造成的气候危害也不会更小）也被用来制造我们所需要的一切日用品，从你用的洗发水到鞋子，从玩具到你房间的墙纸，都有它们的影子。你吃饭用的刀，也是烧煤炭的高温熔炉炼出来的不锈钢。你手上的书，需要用石油和天然气来制作、印刷、运输到书店，而书店有可能用天然气或燃油烧暖气。我们可以算一算所有生活必需品拿到手的方式（拖拉机、化肥工厂、卡车、冷藏链、包装等等），连一公斤的牛肉都“包含”了一公斤的石油和天然气！

你的电脑，你现在绝对离不开它，到你的手上需要耗掉你体重 4 ~ 6 倍的化石燃料（约 200 ~ 300 公斤，包括采矿、冶金、化工、运输等等所需要的能源，当然还有给这些工业活动供电所需要的煤炭）。随着互联网和数字化的普及，我们越来越多听到去物质化，可如果我们仔细研究一下数据，就会发现，今天我们的文明对石油、煤炭、天然气的依赖已经达到了史无前例的地步！此外，有些国家，电脑多的那些国家，消耗的能源相应也多，其中尤其是石油，消耗量特别高。自从 1900 年开始，电已经到处让西方国家人民的生活起了革命性的变化。

女儿：可是电是无污染的能源啊！

爸爸：我们用它的时候，它确实是清洁无污染的，但不要忘了发电的过程！发电就需要发电站，那里就有污染了。全世界 40% 的发电站是用煤炭发电，不是用核能发热（热能转化成电能）。法国大部分发电站是核能的，但烧煤炭能够达到一样的效果。可是，烧煤炭会排放二氧化碳。煤炭发电站生产 1 千瓦的电（使用吸尘器半个小时消耗的电量），就排放出 1 公斤的二氧化碳到大气中！

不是只有“贫穷”国家才会使用煤炭发电，欧洲有四分之一的电力都是由煤炭发电产生的。德国有 45% 的电力来自煤炭发电厂，尽管他们有风力发电和太阳能发电（分别占发电总量的 13% 和 6%），澳大利亚煤炭发电厂占其总数的 65%，而印度这个数字超过 70%，波兰则高达约 80%。煤炭发电产生的二氧化碳，占二氧化碳总排放量的 25%，比交通工具的排放量还要高！所以煤炭的使用在二氧化碳的排放中占重要角色，就算在所谓的“发达”国家也是一样：美国每人每年消耗的煤炭数量和中国每人每年的消耗量一样，而德国每人每年消耗的煤炭数量是印度的三倍！

此外，全世界有 22% 的电由天然气发电而来，这就意味着，每产生一千瓦时的电，就会释放出 400 克的二氧化碳。而石油发电的电量占总发电量的 5%。我们算一下就能明白：全世界 2/3 的电来自化石能源。电彻底颠覆了我们的生活，但在大部分国家——除了少数几个国家，其中包括法国——发电方式对气候有不好的影响。况且，我们不可能一直都有这么多电可以使用，因为全世界大部分发电所用的能源是不可再生的。所以，在发电这一块，有一天人们也会直接感受到石油、天然气、煤产量下降带来的影响。法国建造了许多核能发电站，这非常好——至少我这样认为。法国 75% 的供电来自核能发电，这个过程中没有二氧化碳排放（当然建核电站时，让它开始运行，还是会排放一点点的二氧化碳，但这些排放量是使用煤炭发电的发电站的 1/50）。但在这点上，法国在全世界是个特例。

我跟你说过，我们很快就会看到石油耗竭，就算我们不愿意这件事发生。天然气产量的最高峰很快也要到了，最迟将在 15 ~ 20 年内发生。我们要为了维持气候状况而尽可能减少温室气体的排放，就必须尽早减少天然气的使用。就算我们这一代人不用担心气候改变，我们 10 年后也必须开始节约天然气的使用。如果我们没有因为考虑到气候改变而努力改变一些使用习惯，那么在 21 世纪中叶，煤炭的消耗量也将达到最高峰。如果我这一代人，还有你这一代人，没有选择降低煤炭的使用量而任其继续无限制地增长下去，那么到2050年或2060年，你孩子那一代人，甚至有可能是你这一代人，就可能会因气候改变而咒骂自己的父母这一代人。到那时，你们可能会想把他们送进监狱，而不是付他们退休金！

女儿：核电站能让我们少用一些石油吗？

爸爸：答案是不能。法国消耗的能源中有31%是石油，这个数字和全世界的平均值非常接近（32%），与欧洲的平均值也相差无几（36%），所以这个数字和核电站无关。其根本原因在于全世界只有非常少量的发电站是使用石油的。那些不使用核能发电的国家，通常也不是使用石油发电，而是要么建大坝用水力发电——如果该国刚好幸运地拥有很多山脉，要么用煤炭和天然气发电。大部分国家就是这样。这些年，我们经常听到风力发电和太阳能发电，但使用这些能源的国家只是极少数：目前全世界的风力发电量只占总数的3%，太阳能占1%。从2000年到2014年，煤炭发电的电量比风力发电的电量增长了5倍，比太阳能增长了20倍！你出生以来，增长的发电总量中有70%是由煤炭和天然气提供的。

在法国、美国或福岛核电站泄漏事件之前的日本，核能替代煤炭或天然气发电，就没有二氧化碳排放，也不用依赖出售天然气的国家（俄罗斯、伊朗和其他一些非洲国家）。但从严格意义上来说，这样并没有改变石油耗竭的命运，因为到处都是石油的影子：所有的运输业（电力消耗的能源比起运输中所用的能源实在是非常小的比例）、工业和化工业。唯一一个核能发电能够取代石油的地方，就是在供暖方面。在法国，我们尝试用核能发电供暖代替一小部分其他供暖方式。

女儿：只是一小部分吗？到处都可以看到电暖器啊！

爸爸：你说得对，但那仅限于新建的建筑。许多在核能发电计划开始实施前建的建筑和房屋，都是靠烧燃油和天然气供暖的。法国靠燃油和天然气供暖的房子数量，是靠核能发电供暖的房子数量的 6 倍！

女儿：但核能有很多不好的地方，不是吗？我看了很多关于福岛的报道……

爸爸：所有能源都有好和不好的一面！化石能源不好的地方在于，它们是不可再生能源，会带来气候改变，污染当地环境，有时甚至破坏生态系统或者造成意外死亡（全世界每年因为使用煤炭而死亡的人数和格勒诺布尔的城市人口总数[1]一样多）。核能也有不好的地方，我们称之为发生事故的风险，就是它产生的废弃物有点特殊。因此，我们不能随意使用这种能源，但在我们国家，我们总是倾向过于害怕这种能源，有点儿像孩子怕狼一样，在还没有花时间冷静地去讨论之前就已经害怕了。我的女儿，如果我走后留给你的问题只是如何处理核废弃物，那么我就是幸福的父亲，对我这一生所做的将感到无比自豪。可是我想，就目前的形势来看，到我行将就木的时候，会留给你一摊子碳氢化合物的问题，到时我会感到羞耻的。

关于福岛，2013 年联合国出了一份正式的报告，说明这个事故让当地人受到了极大的伤害，但没有一例死亡案例是核辐射引起的，也没有对环境造成特别的问题。要是想知道为什么法国媒体不报道这份报告的结论，这会是一个非常有趣的探索，而且可能可以另外再写一本书了！

① 2015 年，格勒诺布尔的人口总数为 16 万人。

第 5 章
昂贵的石油

女儿：这样的话，如果石油越来越少，是不是会变得越来越贵？

爸爸：如果我们什么也不做，就是说我们不提前做些准备尽量少消耗石油，石油的真实价格确实可能越涨越高。这样一来，我们的消耗确实会降低，但那对我们而言会是极其痛苦的。我打赌——我认为最有可能是在你到了我这个年纪的时候，石油价格上涨的速度会比人们赚钱的速度快（虽然偶尔它的价格也会下降，这是正常现象），而所有依赖石油存在的商品也会随之涨价。有一件事是我这一代人没有搞明白的，那就是两个世纪以来（即工业革命以来），能源的真实价格一直在降低。真实价格，就是为了得到某样东西所需要工作的时间。看看现在的数据，我们现在购买一升油所需要工作的时间是一个世纪前的1/20～1/30，电和天然气也是一样。从某种角度来说，这意味着现在让一台机器运作所需要的花费是一个世纪前的1/20～1/30（事实上，有时甚至是1/50～1/100，因为做等量的工作，现在的机器所需要的能量更少）。我们所谓的“提高购买力”，就是用一个月的薪水买更多的东西，这是引起上述现象的直接原因。我们用越来越少的钱买到越来越多的能源，就需要不断增加“现代奴隶”的使用：工业机器、卡车、汽车、起重机、泵等等，所有这些我们看得到的电器都是。多亏了这些“奴隶”进行清洗、运输、烧煮、加工等工作，才能制造出我们需要的东西。总而言之，它们为我们服务，我们则拥有了每人40平方米的居住空间，每年换新衣服，每家一辆车，跟团旅游，以及所有一切陈列在商店里的东西。把人类的工作交给机器，我们省下了许多时间可以自由使用，这些时间变成带薪假期、退休，还有每人都有长期受教育的机会，以及一个星期只需35个小时的工作时间。

你还可以观察到，所有那些使用很多能源的国家，拖拉机、化工厂和杀虫剂取代了人们在田间的劳作，而我们所有人几乎都成了城里人。更广泛而言，我们的“现代”世界依赖着这个脆弱的建筑——可使用的大量能源，但它的实际价格却低得让人觉得荒唐。

女儿：可是汽油的价格一点也不荒唐，你为什么这么说？

爸爸：相较于汽油给我们提供的服务来说，真的非常荒唐！我举个例子来说明汽油真的一点也不贵：假设我从夏莫尼（Chamonix）爬到蒙布朗峰（Mont Blanc），这是一条 4000 米长的高低起伏不平的路，我身体需要消耗的能量是 1 千瓦时，一升汽油提供的能量是这个能量的十倍多。按照这个逻辑，我一整天流汗、努力所做的“功”，换算出来只值 10 生丁（centime，欧元货币单位之一）多一点！即使现在汽油的价格是每升 1.5 欧元，这样汽油替代人类工作所产生的价值还是比其价格高好几百倍。人们没有意识到，其实能源是“免费”的。这也不奇怪，因为当你买一升汽油时，你买的其实不仅是一升石油。

女儿：真的吗？那我买的是什么？

爸爸：你买汽油所付的钱，其实是人工费！这个费用里面包括了付给拥有石油的人的钱，但石油是大自然的馈赠，它没有跟买卖它的人索求任何回报；还包括了运行钻井、运输原油的轮船，把原油提炼成汽油、输送汽油的汽油泵的费用。所以你所付的，全部都是人工费，没有付给大自然任何费用，尽管大自然创造了石油。若大自然没有石油，我们就无法填满燃料油管、汽车油箱。

因为石油最终会耗竭，所以石油的价格只会越来越高：地壳中能够开采的石油只会越来越难开采出来，届时就需要更多的人工，油田所有者为了提炼出石油会跟我们要更多的钱。我这一代人开车的成本越来越低，可是到了你那一代，甚至你的孩子辈，开车需要付的钱会越来越多。我指的是真实价格：你需要比我工作多几分钟，甚至多几个小时，才能赚到开一次车所需要的成本。因此，今天大部分已经拿到驾照的年轻人有可能直到退休前都没有钱开车。同样的道理，我这一代人可以用同样的价格买到越来越大的房子；不幸的是，这不可能发生在你那一代人身上。造房子需要能源：用天然气和煤炭制造水泥、不锈钢、砖、地毯和玻璃，还需要柴油发动卡车运送这些材料到建筑工地。接着需要供暖，面积越大的房子，需要的能源越多。同样，你在超市买的东西需要能源才能生产出来，甚至你吃东西也需要能源。所有这些东西的实际价格都会越来越高，也就是同样的工作时间能换来的东西会越来越少。

女儿：这样的话，以后会发生什么事呢？

爸爸：对我们这一代或上一代来说“自然”的事，到了你们都会成为“不自然”的。我们这一代人觉得钱赚得越来越多，可以买越来越多的东西，这好像是再自然不过的事。可是，物质和人口的限制会让我们不得不走向另一面。

在我们生活的这个世界里，一切都是以能源会越来越多为出发点构建的。如经济全球化，人们在市中心上班却住在郊区的别墅里，我们随手可得的物品越来越多，我们倾向丢掉坏掉的物品而不是修理它们，在火车和自驾两者中我们更愿意选择自驾，为了出口农产品让土地生产单一作物——因为运输并不贵，其中的利润很高。亲爱的女儿，你将来要面对的挑战是史无前例的，现在执政的人对于即将发生的这一切没有一点概念，他们有一个非常好的借口，就是他们完全不知道将发生什么。

女儿：爸爸，你的意思是所有的一切都会改变吗？

爸爸：不管怎么样，所有的一切都会改变。但改变的节奏有多快，有无预防措施，都会让这个过程完全不一样。目前有些领域会最先体会到无预防措施面对能源耗竭将会带来的情况，比如大货车司机、渔民或用燃油供暖的贫困家庭。当这些人看到石油价格上涨时，他们的对策就是要求国家为他们付一部分钱（这是国家补助的一种操作方式）。我们现在还可以这样做，因为国家可以靠钱小小地满足一下他们的愿望。但很快，这个现象就会发生在每个人身上，国家也补不起这个钱了。

女儿：我们不可以提前做一些预备吗？

爸爸：理论上是可以的，但必须接受这样努力的结果并不是立竿见影的，而且在民主制度下，要达成这种一致需要花很长时间，不管是关于退休金还是关于能源的问题！有些人很早之前就建议提高碳氢化合物、天然气甚至是电力的征收税，以鼓励人们减少消费——烟的税很高就是这个道理。而征收来的税金，被拿来帮助人们用别的方法代替对能源的使用，这有点儿像今天你付社会保险的钱，将来可以救自己的性命。可是这个建议从来没有被采纳过，因为很多人认为这样做会让那些每个月本来就入不敷出的家庭陷入更加困难的境地。然而，这确实有点像买保险：今天我们付一点点钱，以防将来某一天突然要拿出很多钱；非常矛盾的是，通常是那些本来钱赚得就不多的人，需要买好的保险，因为正是他们将会首先面对能源耗竭的痛苦。有钱人总是有经济能力去面对突发状况。

女儿：我们不可以用电动车取代汽油车吗？

爸爸：这取决于我们想要的到底是什么！如果是为了减少石油的使用，这确实是个好主意。如果是为了减少二氧化碳的排放，那就还需要仔细讨论，因为全世界三分之二的电是由煤炭或天然气发电而来的。再说，每辆电动车需要配备一个很大的电池，所以不仅制造这种车本身的过程会排放二氧化碳，生产电池的过程也会排放，总体的二氧化碳排放量是双倍的。结果是，以全世界的平均值来算，开一辆汽油车和一辆电动车并不能改变二氧化碳的排放量。

当然，如果发电的过程没有排放二氧化碳——这里我们所说的是核能发电、水力发电或其他可持续新能源，那么使用电动车确实可以降低二氧化碳的排放量，但这是浩大的工程，不是在一星期内就可以做好的，要花多得多的时间。

现在全世界共有10亿辆车，我们若想把这些车全部换成电动车，就需要先制造10亿个超大电池，而单单这个举动，就要消耗掉全世界一半的锂矿储量——锂是制造电池必需的金属。而一块电池寿命最长十年，这样算起来，目前锂的储量只够电动车开20年。接着就再也没有了！按照我们现有的工厂的生产力，需要三个世纪才能造出10亿个大电池！等到我们都换成电动车之后，气候问题可能已经到了完全无法收拾、不可想象的地步了。

然后，我们需要电才能让这些车开起来，这样，每年的发电量需要增加10%（全世界的发电量），前提是这个发电过程绝不会排放二氧化碳！这就意味着我们要建造比目前多一倍的核电站，或4倍的风力发电站，或15倍的太阳能发电站。在法国，如果我们要把目前的3000万辆汽油车全部换成电动车，还得加上货车、卡车，我们需要在现有的基础上再多建目前总数的1/3座核电站。

在所有可能的情况中最好的一种是，越多的人接受（我想，大家应该可以接受）只开最高时速 100 公里 / 时且续航力只有 200 公里的节能车，我们就越容易从汽油车过渡到电动车。但由于生产电池的难度很大，人类几乎不可能真的拥有 10 亿辆电动车。

女儿：所以，将来没有了石油，我们不可能过着和现在一样的生活？

爸爸：如果石油没了，我们的交通和商品的运输一定不可能像现在这么便利。石油变少之后，我们就不太容易住得离工作地点那么远，也不太容易去度假、去国外念书或探亲访友，这一切都会比现在难得多。超市里的东西也不可能像现在这么多，网上购物也不可能当天买第二天就到。

总体上，全世界的所有机器“吃”掉了 80% 广义上的化石能源，所以我们完全不可能在几十年之内用别的东西来替代它们。除了碳氢化合物，我们还有什么呢？我们有树木，占了全世界能源使用的 10%，但由于地理原因和森林砍伐，目前该资源也已经受到了威胁，数量不可能大幅增长。此外，我们有水力发电（大约占总量

7%)、核能源(大约占 4.5%),还有媒体经常提及的、在实际生活中却很少用到的风力能源(只占了全世界能源消耗的 1%)和光电能源(占 0.4%)。

女儿：既然占的比例这么少，为什么要一直提呢？

爸爸：因为媒体不会像你一样问这个问题！媒体最喜欢报道新事物——以前没有的、现在新建的东西，而这些不一定是最重要的。在法国，我们已经不建造新的水坝了，所以尽管水力是一种可再生能源，以前建的水坝还“安静”地发着电，媒体却已不再报道这方面的事了。我们平均每天能建一个以上的风力发电站，所以媒体就热衷于报道。可是，法国的水力发电要比风力发电占的比例高得多，在整个欧洲，甚至全世界都是这个情况！全球水坝所发的电是风力发电站所发的电的 5 倍！

等你到了我这年纪，风力发电和太阳能发电很可能占的比例会更高，可它们比起其他能源所占的比例实在还是太小了，所以应该是无力阻止我们目前的经济生活体系因能源问题而被彻底改变，也无力拯救面对能源问题若无作为则会遭受厄运的人类。目前在工业化的国家中，说起不会排放二氧化碳的能源，首先是核能，其次是水电(但用水电代替碳氢能源的可能性还是非常低，而且许多已经建造好的水力发电站也不是完全“清洁”的），最后在森林覆盖率高的国家（如俄罗斯、加拿大）还有树木。可是这些全部加起来，仍不足以取代我们今天使用的煤、石油和天然气。从现在开始我们最应该做的就是节约使用能源，把能源用在最应该用的地方。这不仅是工业生产领域要做的，也是我们每个人都需要努力的，包括最贫穷的人。每个人都要起来行动，负起自己的责任。

女儿：那为什么人们总是说可再生能源是将来的希望？

爸爸：这些能源经常被人说成是“新能源”，事实上它们并不新，它们是人类所使用的最古老的能源！早在发明马达之前，人们就已经使用风力让磨坊风车转动给古罗马城供水，或者在中世纪时让磨坊风车转动磨面粉。远在发现煤和石油之前，还是风力开动最古老的船只（不幸的是，那时使用囚犯当苦力划船）。远在我们使用煤炭进行冶炼之前，最初的锻造业使用的是木头。我们现在之所以是靠着碳氢能源才拥有了目前的生活，只不过是因为碳氢能源拥有那些可再生能源所没有的一些特性让我们更加容易使用。这样说起来，如果碳氢能源不会耗竭，它们的使用不会带来气候改变的问题，化石能源真的是非常理想的能源：比起可再生能源，获取它们更容易，所以它们相对比较便宜，而且运输、储存相对来说方便太多，尤其是石油。也正因为如此，我们才能大量地使用这些能源。

女儿：一个国家的政策不能改变可再生能源的价格吗？

爸爸：可以，如果政府的意愿强烈可以改变很多，这完全取决于他们自己，但通常他们没有这样的意愿。今天，首屈一指的可再生能源有木材和水电，所以大量使用可再生能源的是有许多森林或高山的国家，跟他们是否有个好总统无关。例如，斯堪的纳维亚半岛上有许多森林和高山的国家、瑞士，以及非洲和南美洲一些有森林、有高山的国家。

相反地，如果那个国家本身都是平地，森林也很少，例如丹麦、荷兰或德国，尽管他们现在都是绿党当政，依然没办法使用太多的可再生能源。

你可能想到了德国或丹麦，他们经常被法国当作榜样。但当我们仔细看看数据时，会发现他们和我们没什么不同：一个法国人一年消费 1.1 吨石油，丹麦人则是

1.4吨，德国人也消耗得同样多。一个法国人每年用掉0.5吨天然气，丹麦人也一样，德国人则是0.8吨。一个法国人每年“只”用0.2吨煤炭，丹麦人却要用到0.5吨，德国人消费的量更是高达1.5吨！从这些数字上，我们并没有看到可再生能源是目前“流行”的。

关于电力，媒体的报道有时也会误导人。丹麦风力发电确实占了所有电力的一半，但风力所发的电大部分都出口了！其中只有五分之一是丹麦人自己消费掉的，其余部分都卖给了邻国。

欧洲国家风力发电真正用得最多的，应该是西班牙。他们不仅有风力发电，还有水坝（丹麦人和德国人都没有），还有配合风力发电一起使用的天然气发电站。而在法国，只有14%的电力来自水力发电，5%从风力发电而来，还有1%来自太阳能。

女儿：有机燃料可以代替汽油吗？

爸爸：今天我们称为有机燃料的其实是“农业燃料”，因为有机在这里的意思和我们说的有机蔬菜不同。简单来说，有机燃料就是用农作物制造出和汽油或柴油相似的燃料。

爸爸：现在还是量的问题。第一个限制就是制造农业燃料会用到耕地，会占用种植粮食的耕地。以小麦乙醇或玉米乙醇的例子来说，种出灌满一辆大汽车油箱的燃料，需要的耕地是0.2亩。而地球人均耕地面积就是0.2亩！所以当造出一箱汽油有机燃料时，从某种程度上来说，已经让一个人一年没有东西可吃了，或者让森林面积又减少了0.2亩。就是这个原因，使得每年农业燃料的产量非常有限（每年7000万吨），而现在每年真正的石油产量是45亿吨。

如果我们把全世界种植粮食的耕地都拿来种有机燃料，或许可以替代目前石油消耗量的四分之一。

此外，把农作物转换成燃料，也会使用到能源，这涉及拖拉机、化肥厂——化肥厂所用的能源比拖拉机多，还需要杀虫剂生产厂家。所以在实际操作中，为获得等同于一升汽油的燃料乙醇，生产和运输需要消耗掉差不多0.5～1升的汽油。所以，有可能最终得到的燃料和上述过程中消耗掉的能源数量一样！

女儿：那么石油呢？获得石油的过程中也需要消耗能源吗？

爸爸：当然需要啦。开采、运输、提炼石油，这些过程全都需要能源，耗费掉的能源大概是最终产量的15%～20%。大自然独自完成了最消耗能源的掩埋、加热"煮"熟有机物质的工作，并且把成品埋在某个地方等着我们去开采，我们并不需要付这一部分的钱。可是为了获得有机燃料，我们还要算上种植作物的人工成本。所以，有机燃料肯定比较贵。

女儿：简单来说，可再生能源总是比化石能源贵？

爸爸：总体上是的。这不是政府或工业领域的领袖动机不纯，只是人类自己建构的经济体系的逻辑如此。人们付钱给改变大自然的人，而不是回馈给向我们提供这么多资源（矿藏、土壤、鱼、树木、风、太阳等等，还有石油、天然气、煤炭）却不索求回报的大自然本身。

唯一一个和化石能源价格差不多的可再生能源，就是水力发电。因为和化石燃料一样，这也是大自然自己在推动发电的工作。首先，大自然蓄水在高海拔的地方

（就是我们所说的降雨！），这样我们不需要用机器或器具把水运到高处；接着大自然造了高山，这样降雨累积在高海拔的山谷中。我们只要在高海拔的地方建造水坝形成水库，然后用一个大水管连接高处的水库和下面的山谷，并在水管底端装上涡轮机（涡轮机靠着水压运转）。而这一切工作都不需要太费人工，所以水力所发的电价格是“正常”的。换作风力发电，风的重量几乎是水的千分之一，所以要建造非常多的大风力发电机才能抵得上一个大水坝的水力发电站所发的电。阿尔卑斯山上的大房子（Grand’Maison）水力发电站的功率，和 1000 个大的风力发电机的功率一样，而法国第五大风力发电中心就有 1000 个大风力发电机。再者，这些风力发电站，按照人们的需要发电，而不是起风的时候发电，所以这在管理上也耗资不菲。

第二种大自然准备好的、不需要人类做前期生产工作的能源就是树木。尽管地球上树木的数量很多，太阳辐射的能量也很高，但靠树木的光合作用产生的氧气却很少。大自然亲自完成了树木这个能源的储存：我们可以在任何时候获得树木，树木被砍伐之后，我们也可以在任何时候获得木材。事实上，有一件关于石油我们很少想到的事，那就是石油的储存和运输都是极其容易的，要花费的人工并不多，所以石油不贵。但天然气就麻烦得多，运输天然气要比石油贵 10 倍。煤炭就更贵了，因为煤炭是固态的，不能用管道传输（管道是最经济的传输方式）。

其他可再生能源，包括风力和太阳能，都很难储存。我们不能像储存石油和木材那样储存风和阳光！如果我们想在需要的时候使用电，那就需要考虑储存能源的问题。在实际操作中，人们把能源转换成其他形式的能量（我们不能直接储存电），例如转换成储存在电池中的化学能，或者电解槽中的氢离子，或者（用泵）把水存储在高处接着再运行水坝产生电。在所有这些可行的转化形式中，电能都会耗损（根据储存形式的不同，耗损率在 25% ~ 80% 之间），为此我们等于付了双倍的钱，包括制造储存工具的钱和因为储存而耗损掉的电能的钱。

风力和太阳能不稳定（也就是说不是可以随时获得的），无法预估（要来的时候就来了，不是我们能决定什么时候来）。这样的能源，一方面很分散，另一方面需要储存，所以要大量的人工才有办法把它储存成大功率的能源方便我们随时取用。这样的能源总是比化石能源，甚至那些相对比较“容易”可再生的能源（水电和树木）贵。

女儿：谁又知道我们是不是可能找到未知的新能源呢？

爸爸：你的意思是，人们有没有可能发现目前还未知的新能源，并且在将来十年、二十年之内把它开发出来，取代目前我们80%的化石能源消耗？答案是我不能向你证明那完全不可能，但我不会把我仅剩的一点点运气押在这种概率性极低的可能性上！

女儿：幸好，我们吃的东西不需要石油！

爸爸：需要，吃的东西也用到石油能源！只是你看不到罢了。制造食物需要拖拉机、生产化肥的化工厂、运输食物的卡车（法国所有卡车中有三分之一专门运输食物）。我们吃的肉类，消耗的石油更多！为了获得一公斤的牛肉，我们要耗费几十公斤的谷物（这里会用到拖拉机、化肥、卡车等）。法国种植的全部玉米和一半的小麦都拿来饲养最终会成为我们盘中食物的动物了！平均算起来，获得一公斤牛肉，就需要消耗掉一公斤石油或天然气。对于肉类，尤其是红肉（鸡肉和猪肉稍微好一些），根本不可能用"清洁"的农业生产方式来生产。所以，既然有人反对带来污染的农业生产方式，就应该仔细考虑自己到底该吃多少牛排，单单做到这一点就能解决很大一部分的问题。另外，蔬菜也有可能是“不清洁”的农业生产方式中的一环：冬天温室种植出来的番茄，每公斤也要消耗 1 公斤的汽油；货架上常见的土豆，也需要能源才能长出来、收成并运送到商场（还好这些需要的能源不算太多）。渔业也不能例外：每公斤的鱼，需要耗费捕鱼船 0.5～2 升的瓦斯油。

此外，石油还取代了很多农民的工作。两个世纪前，法国有 70% 的人是农民，那时他们可以自给自足，并且养活剩下的 30% 的法国人。今天，法国人口总数中只有 1% 的农民，他们不仅可以养活剩余的所有人，还让每人所吃的肉比以前多 5 倍，他们真是劳苦功高！石油，还有天然气和煤炭，让农业的生产力提高了 300 倍！今天，我们用一生中 15% 的时间工作就足以赚取买食物的钱（买多少都可以），而我父母那一代平均要用一生中 40% 的时间来工作赚得伙食费，而且吃到的肉远远少于我们今天。这就是能源丰富的效果，可是当能源越来越少，例如欧洲近十年所遇到的情况，我们就又会向反方向发展了。将来，使用石油的可能性越来越小，又会有越来越多的人工投入食物生产中，而食物也会变得越来越贵。同样的预算，我们能够买到的更多是鸡蛋和土豆，牛肉会更少，而且我们要等到七月才能吃到番茄！

女儿：如果石油越来越少，越来越贵，这样是不是对地球比较好？

爸爸："对地球比较好"，不是我们的终极目标！保护环境，最终是为了保护人类。想象一下，如果所有人都死了，而房子还保护得好好的，那又有什么用呢？现在来说人——"我们"。石油价格上涨带来的后果，取决于我们站在哪一边，也取决于"石油"在哪里。首先对那些出口原油的国家如俄罗斯或伊拉克来说，石油价格上涨是好事，因为增加了他们的经济收入，只是石油销售量会大幅降低。对于那些自己没有石油而只能靠进口的国家来说，石油（确切地说是石油产品，这两者区别很大）价格上涨不是好事，这意味着人们要工作得更久才能获得等量的进口石油。目前，石油最主要还是来自那些自己本身消费石油不多的国家，像沙特阿拉伯、伊朗、伊拉克、俄罗斯和阿联酋这些国家，他们拥有全世界可开采的石油储量的四分之三，而消耗石油的国家主要有美国、中国、日本和西欧国家。法国的石油有 99% 是进口的，天然气则有 98%。俄罗斯有点特别，既是石油生产大国，也是石油消耗大国。

如果石油供应国提高了油价（例如能够售卖的石油越来越少），买石油的国家就只能减少消费去适应这个油价。孩子，你爸爸妈妈在 1974 年和 1979 年之间已经经历过这个了，当时油价突然涨得很高。这可能对“地球”来说非常好，因为二氧化碳的排放量降低了，并且还形成了少消费的经济形态。可是因为价格一下子涨得太快，跟我们预期的很不一样，所以适应的过程还是带来了不少的痛苦。

另外还有一种完全不同的方式：不是由石油出售国提高石油的价格，而是消费石油的国家自己决定通过增加税收的方式给石油产品（如汽油、柴油、家用燃油、煤油、天然气）涨价，刺激消费者减少消费。这样的涨价对地球很有益处，对你更是有好处。

女儿：为什么多付钱买汽油反而比较好？

爸爸：这有两个原因。我跟你解释过，石油是数量有限的能源，无论如何消耗量一定会降低，目前欧洲已经开始降低了。然而，我们是被迫这样做的，还是做好准备决定这样做的，情况将会大不相同。如果我们不得不这样降低消耗，可能会引起整个社会秩序大乱，因为生产力（取决于我们拥有多少能源）被迫紧缩。届时，我们的失业率会持续上升，很多企业（旅游业、运输业和他们的分包商、超市、速食品工厂和他们的供货商等等）都要倒闭，接着就会导致所谓的“极端”政党夺得民心。欧洲这十年所经历的就是这些。如果这些发生得太快，暴乱甚至战争都有发生的可能。而这一切，都是被迫接受资源短缺引起的。相反，如果是消费国通过增加税收而提高了石油的价格，但向提供国购买石油的价格并没有变，这样可以让大家学习去接受这个能源迟早会耗竭的事实，慢慢适应石油耗竭带来的后果。这些增加税收的钱最后到了哪里呢？在我们的口袋里！

女儿：在我们的口袋里？

爸爸：是的。我们付税的钱，是不会离开我们的国家的。这些钱先付给老师和医生，用来保养公路（我们实在有太多汽车了！），付给法官、警察等，所有这些都是就业机会。然后很大一部分要付给私有企业，例如那些建学校、医院、市政府和体育馆的企业，或者给学校食堂供货的企业。税收越高，国家就能创造越多的就业机会。分析完这些之后，还需要知道我们要的到底是什么。通常大家都不喜欢纳税，不喜欢政府提高税收，这样一切就要变成私有的，包括警察；或者我们愿意纳税，但仅限于对我们有好处的税，这样的话，逐渐增加石油和天然气产品的税收，对你的将来就是一种很好的准备。但如果我们真的不想付太多税，国家完全可以在提高石油和天然气产品的税收的同时，降低其他税收。通过增税而提高碳氢燃料的价格还有另外一个理由，就是这将保护整个气候系统到你这一代不发生太大变化。

女儿：不管价格升不升高，石油产量降低本来就会减少二氧化碳的排放，不是吗？

爸爸：是的，一开始确实会减少排放，但接着马上石油生产商就会提高石油的价格。因为有些人会花高价买剩下的石油，而那些有煤炭的国家就会利用这个机会生产人造石油。人造石油也是汽车和飞机的燃料。

取代即将耗竭的石油的便宜能源，不是太阳能，也不是风力发电，而是天然气和煤炭。把煤炭或天然气转换为液态燃料很容易，工程师们很擅长做这件事，而且很早之前就知道怎么做了；多亏了煤炭制成的液态燃料，德国才有办法开动坦克和飞机——德国境内没有石油，但有很多煤矿。所有能用石油做的东西，我们现在都已经知道怎么用煤炭做出来，包括电脑和塑料盆。

另外一种可以让我们从使用石油过渡到使用煤炭和天然气的方式，是制造电动车代替汽油车，然后用煤炭和天然气发电。如果我们任凭石油涨价，那些有煤矿的国家（如美国、俄罗斯、中国、印度、澳大利亚、南非、波兰、德国）就会转向使用这些方法，而这会增加二氧化碳的排放量。这就是2007年到2014年之间发生的事，当时石油价格上涨，石油产量停滞不前，同期煤炭的消耗量大幅增加。法国在那几年间，经历的是由石油短缺引起的失业和其他人使用煤炭引起的气候改变（干旱、洪水和非洲难民）。你看，我们最好避免这些问题频繁地发生！

第 6 章 给你我的挑战

女儿：既然污染会破坏我们的地球，为什么我们还继续污染下去？

爸爸：首先，单纯只是因为法国等西欧世界的大部分居民都不知道情况有这么严重、这么紧急，大家都以为到时候我们总会找到适应或者解决问题的办法。在学校里没有人解释这些，没有人可以想象那些灾难性的后果，例如所有问题都会累积在一起，整个世界处于崩溃状态：战争、疾病、饥荒、极权制……大概是出于好心，大部分人会混淆气候平均温度升高 5℃和自己所在的地方早晚 5℃的温差，他们不会想到降雨的改变和植物枯萎都和气候改变有关，他们认为未来 40 年我们都不会有石油问题（你应该已经理解了，将来四十年确实还会有石油，但只会越来越少！）。另外，记者、当选执政者，还有很多负责人——从省长到企业领袖，从高级官员到教师——确实只有这些极少数的人有全方位的资讯去理解我们需要付出比现在多得多的努力、牺牲自己的利益，才能给下一代一个更好、更平安的未来。越来越多的人听到关于能源—气候的问题，但只有极少数人真正明白这个问题有多可怕。有些人知道问题非常严重，但他们寄希望于新能源，可是事实上几乎所有可能的“解决方案”都不在于使用新能源。

此外还与年龄有关。现在大部分做决策或者有影响力的人，年龄差不多都在五十岁左右，在这个年纪突然全盘改变自己对世界的看法并不容易，所以他们在这方面没有采取行动。这个年龄层的人，还是会忍不住想：当那些问题出现时，他们已经不在了啊！虽然这样想有点不负责任。

那些真的非常清楚严重性的人也有他们自己的软肋，他们坚持认为，或许最终也没那么严重，因为麻烦总是过些时候发生在别人身上。另有一些人没明白好的自然环境是繁荣和平的前提条件，他们认为保护环境就是建造风力发电站、使用另一种灯泡，或者有时间再关心几只需要拯救的海豹。他们不理解破坏环境就是从现在开始破坏了下一代生活安定、繁荣的条件，下一代就是你、你的同学、所有的孩子们和全世界的学生们。

女儿：那是工业化带来的问题吗？

爸爸：当出现问题时我们总会有这个疑惑：谁的错？我们希望错在我们旁边的人！可是当一辆车被出售时，到底谁该对它造成污染负责？造车厂、售车公司、保险公司、石油公司，还是使用汽车的车主呢？当一个中国工厂或美国工厂烧煤炭制造电脑的一部分时，谁该对相应的污染负责呢？工厂、出售电脑的公司，还是买了电脑的你呢？不同环节都有自己应该负的责任。就工厂这个环节来说，工厂里的人态度也是不尽相同的：有些希望做有益的事，尽管这会让工厂的收益降低；另外有些人则不急于对此进行反应；而你，则是从外面看这些事。每个国家的人民的态度也是如此，不是所有的美国人都是气候问题的“共犯”，也不是所有的法国人都是拯救地球的英雄。说是某一类人的错误，这样做简单、便捷，但这不是正确的态度。也正是由于这个原因，我们的应对从来不可能那么简单、迅速。

女儿：我们现在开始挽回是不是太晚了？

爸爸：非常不幸的是，一部分结局已经不可能挽回了。在这件事上比较不公平的是，制造问题的人并不是品尝恶果的人。你这一代人，还有你的下一代，已经来不及改变上几代人造成的问题，而只能承受令人不愉快的后果。我们不可能回到过去，但我们可以避免发生最糟糕的情况，无论如何我是这样希望的，我们要竭尽全力避免发生最坏的情况。这就意味着，现在立刻接受——而不是等到10年之后——做农民、建筑工人或木匠，而不是花大量时间去大学念书；不是说“等将来我们家门口的城际快线开通时，我再把汽车收起来”，而是立刻决定“我早上早起半个小时坐车去上班”，即使这很难做到；不是决定“走啦，趁还有汽油，赶快去摩洛哥旅行一下吧”，而是选择去中央山脉旅行，尽管这相对来说没那么有趣。这也意味着立刻公开承认：为了保持无价的和平，我们接受被大幅限制使用能源的权利。

女儿：可是这些事，感觉好难啊！要我做这些，一点都不有趣。

爸爸：但愿这可以变得有趣！开始行动意味着将来三十五年之内都要接受改变，重建我们周围的一切环境，所以需要很大范围的人都采取行动。好的一面是虽然这个改变和挑战对你、我两代人来说绝对都非常大，但也令人着迷，会带来新的局面。

人类需要时不时地挑战一下：登上月球、环游南极洲一圈，或者其他较小的挑战，如获得一个让自己引以为傲的文凭、让自己变得值得被某人爱。这些可能会激发无限的动力，尽管一开始需要努力离开自己的舒适圈。我并没有乱说，你以后会明白，有两种方式可以激励人们做一些努力。第一种是多付一些钱，第二种是给他们有趣的项目去管理。给我们这一代人的挑战（尽管我们可能还不知道），以及给你们这一代人的挑战（你们将会越来越清楚），就是在能源非常有限的条件下，用差不多五十年的时间，重建这个世界。

女儿：这样听起来还比较好接受一点！

爸爸：但这还是有条件的：现在就必须接受我们不可能总是工作时间越来越短，拥有的却越来越多。从此以后，为了维持和平、保持最低限度的生活乐趣，我们必须接受工作时长增加而获得的却更少，这可能是最难的。将来不管我们做什么职业，我们不能再像今天这样满世界到处飞，也不会有越来越大的电视屏幕，餐盘中也不会有越来越多的牛肉。对于这些，我们都要学会接受、适应。将来的工作一定不会更少。我们有三十五年的时间重建城市，改变城市近郊地段——在能源稀少的世界我们不再需要城市近郊，要让两千万人住到其他有工作的地方（能源减少时，城市近郊的工作机会减少，靠近资源战略地点或交易地点的村镇和市中心的工作机会将增加）。或许，将来大部分人会选择去塞文山（Cévenne）放羊或去村镇盖房子，而不是在办公室或大卖场里面工作。因为比起大城市，那些地方可能更易获得一些免费的资源：干净的空气、自己种植的食物、令人放松的装饰，或者至少有个小小的空间可以让你去散步。此外还需要改造留下来的房子尽量去适应冬天令人不舒服的温度。这些会涉及上百万个工作岗位，有些目前还不存在。城市和乡镇的重组也会涉及现在的购物中心、学校、医院、办公室里的工作，当然还有那些盖房子或翻新房子的工作。改变将会非常大，人们将创造大批的职业和项目，而这些只能让人赚取少量的工资。

把目前的交通工具改成将来合适的交通工具，也是一个大工程。机械化的移动方式会变得更贵，这是一定的，而且我们没有别的办法，只能尽快拥有体积、功率、消耗都更小的车，尽管这会威胁到制造商的生存。我们还是得重新回归自行车和步行，并根据情况重新组织一切，公共汽车和火车将会慢慢取代私人汽车和飞机。现在互联网占据了我们社交生活的一部分，将来可能会因缺乏能源制造电脑、让电脑运行或者给电脑更新换代，互联网的一部分会消失。电脑虽然还不会消失，但应该只能制造低性能的电脑。

总之，所有的一切，我们都要重新考虑，从工业生产到欧洲的整体规划，从金融业到农业生产线，从税收制度到休闲生活。因此需要好好培养你这一代人（还有我这一代，需要完成剩下的工作），让你们在经济和政治上大致做好相关准备，成为这场转变中的掌舵者。

给我们的时间并不多，我们还有三十年来做这所有的改变。你要选择将来的学习专业时，记得想想我说的这些话：你接受教育，不是为了去做过去热门的工作，而是要做将来有需要的工作。那时，我的孩子，你就全副武装好了，去尽情品尝生活的滋味吧！

绿色发展通识丛书 · 书目

GENERAL BOOKS OF GREEN DEVELOPMENT

16 **如何解决能源过渡的金融难题**

［法］阿兰·格兰德让 米黑耶·马提尼／著
叶蔚林／译

17 **生物多样性的一次次危机**

生物危机的五大历史历程

［法］帕特里克·德·维沃／著
吴博／译

18 **实用生态学（第七版）**

［法］弗朗索瓦·拉玛德／著
蔡婷玉／译

19 **食物绝境**

［法］尼古拉·于洛 法国生态监督委员会 卡丽娜·卢·马蒂尼翁／著
赵飒／译

20 **食物主权与生态女性主义**

范达娜·席娃访谈录

［法］李欧内·阿斯特鲁克／著
王存苗／译

21 **世界有意义吗**

［法］让-马利·贝尔特 皮埃尔·哈比／著
薛静密／译

22 **世界在我们手中**

各国可持续发展状况环球之旅

［法］马克·吉罗 西尔万·德拉韦尔涅／著
刘雯雯／译

23 **泰坦尼克号症候群**

［法］尼古拉·于洛／著
吴博／译

24 **温室效应与气候变化**

［法］爱德华·巴德 杰罗姆·夏贝拉／主编
张铱／译

25

向人类讲解经济

一只昆虫的视角

[法] 艾曼纽・德拉诺瓦 / 著

王旻 / 译

26

应该害怕纳米吗

[法] 弗朗斯琳娜・玛拉诺 / 著

吴博 / 译

27

永续经济

走出新经济革命的迷失

[法] 艾曼纽・德拉诺瓦 / 著

胡瑜 / 译

28

勇敢行动

全球气候治理的行动方案

[法] 尼古拉・于洛 / 著

田晶 / 译

29

与狼共栖

人与动物的外交模式

[法] 巴蒂斯特・莫里佐 / 著

赵冉 / 译

30

正视生态伦理

改变我们现有的生活模式

[法] 科琳娜・佩吕雄 / 著

刘卉 / 译

31

重返生态农业

[法] 皮埃尔・哈比 / 著

忻应嗣 / 译

32

棕榈油的谎言与真相

[法] 艾玛纽埃尔・格伦德曼 / 著

张黎 / 译

33

走出化石时代

低碳变革就在眼前

[法] 马克西姆・孔布 / 著

韩珠萍 / 译